住宅建筑设计防火
规范条文速查与解读

中国建筑西北设计研究院有限公司　编著

中国建筑工业出版社

图书在版编目（CIP）数据

住宅建筑设计防火规范条文速查与解读/中国建筑西北设计研究院有限公司编著.—北京：中国建筑工业出版社，2010
　ISBN 978-7-112-11837-3

Ⅰ.住… Ⅱ.中… Ⅲ.住宅－建筑设计－防火－建筑规范－说明－中国　Ⅳ.TU892-65

中国版本图书馆 CIP 数据核字（2010）第 031218 号

住宅建筑设计防火规范条文速查与解读
中国建筑西北设计研究院有限公司　编著
*
中国建筑工业出版社出版、发行（北京西郊百万庄）
各地新华书店、建筑书店经销
北京嘉泰利德公司制版
北京市密东印刷有限公司
*

开本：850×1168 毫米　1/32　印张：3⅝　字数：210 千字
2010 年 3 月第一版　2013 年 12 月第四次印刷
定价：**20.00** 元
ISBN 978-7-112-11837-3
　　（19115）

版权所有　翻印必究
如有印装质量问题，可寄本社退换
（邮政编码 100037）

当前，有关住宅建筑设计的防火规定，不仅分散于多个规范中，且存在差异。为此，本书按防火措施及用房部类将相关的同质条文并列汇总、提示异同、讨论总结。从而便于建筑师在防火设计与审图工作中，查阅规定、正确理解与贯彻执行。

＊　＊　＊

责任编辑：杨　虹
责任设计：姜小莲
责任校对：王雪竹

前 言

住宅建设量大面广,关系民生,是国民经济的重要产业,也是建筑设计的主要项目。

住宅建筑的防火设计因其特殊性,在各规范中均单独列条规定,但由于编制单位、年代、范围,特别是理念的不同,致使作为指导和制约住宅防火设计的几个规范之间多有差异,甚至矛盾,造成设计人员(执行者)和审图人员(执法者)往往左右为难,无所适从。因此,尽早编制完整、统一、专项的《住宅建筑设计防火规范》已势在必行。编者基于历年住宅设计实践和审图经验,将现有规范中有关住宅防火设计的同质条文进行汇总对比和解读提示。其编写的原则与特点是:

1. 仅限于与总平面和建筑专业有关的住宅防火设计规定,且不含低层别墅和超过100m的高层住宅。

2. 按防火措施详细分目,便于对号入座,迅速索引。

3. 以摘录汇总规范原文为主,以免理解偏差。

4. 解读则以提示异同为主,与原文并列,以便对照和查阅;每节之后附有小结和必要的问题讨论,以利记忆与实践。

5. 重点链接规范的《条文说明》和《规范图示》与原文互为释意,以验证解读的正确性。

本书不是学术著作,纯系工具性手册,目的仅在于为建筑师节省时间和精力,确保设计质量,提高经济与社会效益。应特别提醒的是:书中的解读部分均为个人理解,难免片面和局限,因此本书不能代替规范,更不能据此违反当地消防主管部门的判定。

参与本书编写的主要人员有:中国建筑西北设计研究院有限公司的教锦章(执笔)、刘绍周、李建广。其间始终得到熊中元总经理、赵元超总建筑师和艾学农处长的全力支持，并被列入业务建设成果。

限于编者水平，书中定有不少疏漏和不当之处，望同行给予批评、指正，从而不断修改、完善，为建筑师的设计工作提供更好的帮助！

编者

2009 年 6 月

目 录

第1章 综述 ... 1
- 1.1 住宅建筑火灾的特点 ... 1
- 1.2 有关住宅建筑设计防火规范简介 ... 2
- 1.3 本书编写依据的规范和参考书目 ... 4
- 1.4 术语注释 ... 5
- 1.5 规范条文摘录说明 ... 15

第2章 建筑分类和耐火等级 ... 16
- 2.1 建筑分类和耐火等级 ... 16
- 2.2 建筑构件的燃烧性能和耐火极限 ... 18
- 2.3 建筑内部装修材料的燃烧性能等级 ... 22

第3章 防火间距与消防救援 ... 25
- 3.1 防火间距 ... 25
- 3.2 消防救援 ... 29

第4章 防火与防烟分区 ... 33
- 4.1 防火分区 ... 33
- 4.2 防烟分区 ... 35
- 4.3 自然排烟 ... 36

第5章 安全疏散 ... 40
- 5.1 一般规定 ... 40
- 5.2 2~9层住宅楼梯间的形式及数量 ... 42
- 5.3 高层塔式住宅楼梯间的形式及数量 ... 43
- 5.4 高层单元式住宅楼梯间的形式及数量 ... 47
- 5.5 高层通廊式住宅楼梯间的形式及数量 ... 50

5.6	安全疏散距离	53
5.7	安全疏散宽度	57
5.8	首层安全出口的设置	60
5.9	楼梯间通至屋顶	63
5.10	地下、半地下室的安全疏散	64

第6章 楼梯间的设置 … 66

6.1	一般规定	66
6.2	封闭楼梯间	68
6.3	防烟楼梯间	69

第7章 消防电梯、消防控制室和消防水泵房的设置 … 73

7.1	消防电梯	73
7.2	消防控制室和消防水泵房	76

第8章 防火构造 … 79

8.1	防火墙	79
8.2	隔墙和楼板	82
8.3	外墙和建筑幕墙	84
8.4	电梯井和管道井	86
8.5	屋顶、闷顶和变形缝	88
8.6	防火门、防火窗、防火卷帘和疏散门	89

第9章 住宅与其他功能用房之间的防火分隔措施 … 93

9.1	一般规定	93
9.2	库房及自行车库	94
9.3	地下汽车库	96
9.4	裙房商店、地下商店和商业服务网点	99
9.5	锅炉房、变压器室、柴油发电机房和液化石油气间	104

第1章 综述

1.1 住宅建筑火灾的特点

1. 与公共建筑相比,住宅建筑防火有以下不利因素:

(1)室内装修、生活用品多为可燃和易燃材料,火灾时在户内燃烧猛烈、蔓延迅速。

(2)家居中有较多的电气和燃气设施,一旦使用不当或质量不佳均可酿成火灾。而吸烟、玩火和烹饪疏忽也可引发火灾。

(3)大面积的落地窗、采光通风天井或凹井,以及高层住宅集中的管线竖井,易成为助长火势竖向蔓延的通道。

(4)居住人员以夜间最多,且不乏老人、儿童和妇女,导致人群逃生与自救能力较差,易受火灾伤害。

(5)住宅区物业管理相对松散,防火设施维护较差,监督不足。

2. 与公共建筑相比,住宅建筑对延缓火灾的蔓延与疏散也具有以下有利因素:

(1)住宅建筑内隔墙较多,分割的空间较小。户间及单元间隔墙的耐火等级也较高,易将火灾控制在一定范围内。

(2)每层的居住人数有限,且户门距楼梯间的距离较短,居民对逃生路线也较熟悉。

（3）应注意的是，上述有利因素，系对典型的单元式或塔式住宅而言。而对于通廊式（特别是大型内通廊式）住宅，因其平面分割类似办公楼，其优势并不突出。

3. 综上所述，针对住宅建筑的空间构成和火灾特点，在相关的规范中已列有专章或条文，只是缺乏相互协调统一，致使执行不便。如能编制单项的《住宅建筑设计防火规范》必将提高建筑防火设计的水平，完善消防措施，确保人民生命和财产的安全。

1.2 有关住宅建筑设计防火规范简介

1. 主要相关规范的适用范围

（1）《住宅建筑规范》1.0.2　本规范适用于城镇住宅的建设、使用和维护。

◆ 适用于城镇新建住宅的建设（设计与施工）、建成之后的使用和维护及既有住宅的使用与维护。不分层数，全文强制。第 9 章为防火与疏散，但未涵盖全部防火要求，故应同时执行《建筑设计防火规范》和《高层民用建筑设计防火规范》的有关规定。

（2）《建筑设计防火规范》1.0.2　本规范适用于下列新建、扩建和改建的建筑（摘录）：

① 9层及9层以下的居住建筑（包括设置商业服务网点的居住建筑）。

◆ 适用于新建、扩建和改建的低层、多层和中高层住宅的防火设计。多针对住宅单列条文，部分条文强制。

（3）《高层民用建筑设计防火规范》1.0.3　本规范适用于下列新建、扩建和改建的高层建筑及其裙房（摘录）：

1.0.3.1　十层及十层以上的居住建筑（包括首层设置商业服务网点的住宅）。

1.0.3.2　建筑高度超过24m的公共建筑。

◆ 适用于新建、扩建和改建的高层住宅和商住楼的防火设计。多针对住宅单列条文，部分条文强制。

◆ 商住楼属公共建筑。

2. 主要相关规范存在的问题

《住宅建筑规范》GB50368（简称《住建规》）自2006年3月实施以来，其中有关防火与疏散的规定，与已有的《建筑设计防火规范》GB50016（简称《建规》）和《高层民用建筑设计防火规范》GB50045（简称《高规》）存在多处差异，致使设计和审查人员难以适从。其主要问题在于：

（1）《住建规》针对住宅空间分割与火灾的特点，提出了一些新的理念，如：在住宅建筑中不再划分防火分区；在安全疏散设计中不再具体界定住宅类型；仅用层建筑面积和疏散距离决定安全出口的数量；统一用层数作为各项要求的基准，规范了楼层折算方法等。然而，上述理念并

◆ 如户间防火分隔措施，仅见对分户墙、楼板和窗槛墙的规定，对户门和户间窗间墙则未见具体规定。

未获得《建规》和《高规》的全部和明确的认可，故与二者的规定难免不同。

（2）《住建规》首次将性能化要求与具体指标融合在一本标准中。但有些性能化条文，在上述的三个规范中均找不到链接的相关具体规定，以致难以全面执行。

（3）三个规范编制单位、时间和理念的不同，并缺乏必要的协调统一，是造成三者之间出现矛盾的根本原因。例如：《建规》修编在《住建规》之后，且主动与其有所协调，故二者的矛盾相对较少；而《住建规》的编制在《高规》之后，故二者的规定存在一定的差异。

（4）鉴于《住建规》系全文强制，并要求"若未直接违反本规范的规定，但不符合相关法律、法规和标准的要求时，亦不能免除相关责任人的责任"。因此，设计和审查人员对《住建规》的地位和执行时的责任应有清醒的认知。

1.3 本书编写依据的规范和参考书目

1. 住宅建筑规范：GB 50368—2005

——简称《住建规》

2. 住宅建筑规范实施指南

——简称《实施指南》

3. 建筑设计防火规范 GB 50016—2006

——简称《建规》

4.《建筑设计防火规范》图示 05SJ811
——简称《建规图示》

5. 高层民用建筑设计防火规范 GB50045—95（2005年版）
——简称《高规》

6.《高层民用建筑设计防火规范》图示 05SJ812
——简称《高规图示》

7. 建筑内部装修设计防火规范 GB50222—95（1999和2001年局部修订）
——简称《建装规》

8. 民用建筑设计通则 GB50352—2005
——简称《通则》

9. 住宅设计规范 GB50096—1999（2003年版）

10. 汽车库、修车库、停车场设计防火规范 GB50067—1997

11. 人民防空工程设计防火规范 GB50098—98（2001年版）

12. 商店建筑设计规范 JGJ48—88（试行）

13. 全国民用建筑工程设计技术措施（规划·建筑·景观）

14. 建筑设计规范常用条文速查手册（第二版）

1.4 术语注释

1. 建筑设计术语

（1）民用建筑——《通则》2.0.1

供人们居住和进行公共活动的建筑的总称。

（2）居住建筑——《通则》2.0.2

供人们居住使用的建筑。

（3.A）住宅建筑——《住建规》2.0.1

供家庭居住使用的建筑（含与其他功能空间处于同一建筑中的住宅部分），简称住宅。

（3.B）住宅——《建规》2.0.1 和《住规》2.0.1

供家庭使用的建筑。

◆《实施指南》2.0.1 成家前或离散后的单身男女以及孤寡老人作为家庭的特殊形式，居住在普通住宅中时，其居住使用要求与普通家庭相近。作为特殊人群，居住在单身公寓或老年公寓时，则另行考虑特殊的居住要求，应执行《老年人建筑设计规范》和《宿舍建筑设计规范》。

（4）住宅单元——《住建规》2.0.3

由多套住宅组成的建筑部分，该部分内的住宅可通过共用楼梯和安全出口进行疏散。

（5）套——《住建规》2.0.4

由使用面积、居住空间组成的基本住宅单位。

（6）套型——《住建规》2.0.2

按不同使用、居住空间组成的成套住宅类型。

（7）住宅按层数划分如下：——《住规》1.0.3

低层住宅为一层至三层；

多层住宅为四层至六层；

中高层住宅为七层至九层；

高层住宅为十层及以上。

（8）单元式高层住宅——《住规》2.0.20

由多个住宅单元组合而成，每个单元均设有楼梯、电梯的高层住宅。

（9）塔式高层住宅——《住规》2.0.21

以共用楼梯、电梯为核心布置多套住房的高层住宅。

（10）通廊式高层住宅——《住规》2.0.22

由公共楼梯、电梯通过内、外廊进入各套住房的高层住宅。

（11）跃层住宅——《住规》2.0.17

套内空间跨越两楼层及以上的住宅。

（12）老年人住宅——《老年人建筑设计规范》2.0.5

专供老人居住，符合老年人体能心态特征的住宅。

（13）高级住宅——《高规》2.0.11

建筑装修标准高和设有空气调节系统的住宅。

◆《高规》表3.0.1中已取消此住宅类型。

（14）综合楼——《高规》2.0.7

由二种或二种以上用途的楼层组成的公共建筑。

（15）商住楼——《高规》2.0.8

底部商业营业厅与住宅组成的高层建筑。

◆ 含高层住宅，但仍属于公共建筑。

◆《建规》与《高规》对商业服务网点定义的不同仅在于：《高规》限于高层住宅，《建规》则居住建筑均可。其他规定二者相同：
① 仅限于小型营业型用房；
② 位于首层或首层与二层；
③ 建筑面积 ≤ 300m²；
④ 采用耐火极限 ≥ 1.50h 的楼板和耐火极限 ≥ 2.00h 且无门窗洞口的隔墙与居住部分及其他用房分隔。
⑤ 该用房与居住部分的疏散楼梯和安全出口应分别独立设置。

◆《高规图示》2.0.1 要求高层主体在其投影线处应设防火墙与裙房相隔，否则应按当地消防部门意见执行。

（16.A）商业服务网点——《建规》2.0.14

居住建筑的首层或首层及二层设置的百货店、副食店、粮店、邮政所、储蓄所、理发店等小型营业性用房。该用房面积不超过 300m²，采用耐火极限不低于 1.50h 的楼板和耐火极限不低于 2.00h 的无门窗洞口的隔墙与居住部分及其他用房完全分隔，其安全出口、疏散楼梯与居住部分的安全出口、疏散楼梯分别独立设置。

（16.B）商业服务网点——《高规》2.0.17

住宅底部（地上）设置的百货店、副食店、粮店、邮政所、储蓄所、理发店等商业服务用房。该用房层数不超过二层、建筑面积不超过 300m²，采用耐火极限大于 1.50h 的楼板和耐火极限大于 2.00h 的不开门窗洞口的隔墙与住宅和其他用房完全分隔，该用房和住宅疏散楼梯和安全出口应分别独立设置。

（17）裙房——《高规》2.0.1

与高层建筑相连的建筑高度不超过 24m 的附属建筑。

（18.A）地下室——《通则》2.0.16、《住规》

2.0.24、《住建规》2.0.16、《高规》2.0.14

房间地面低于室外地平面的高度超过该房间净高的 1/2 者。

（**18.B**）地下室——《建规》2.0.9

房间地面低于室外设计地面的平均高度大于该房间平均净高 1/2 者。

◆ 该条文说明及《建规图示》均未见详细解释。

（**19.A**）半地下室——《通则》2.0.17、《住规》2.0.25、《住建规》2.0.17、《高规》2.0.13

房间地面低于室外地平面的高度超过该房间的 1/3，且不超 1/2 者。

（**19.B**）半地下室——《建规》2.0.8

房间地面低于室外设计地面的平均高度大于该房间平均净高 1/3，且小于等于 1/2 者。

◆ 该条文说明及《建规图示》均未见详细解释。

（**20**）设备层——《通则》2.0.18

建筑物中专为设置暖通、空调、给水排水和配变电等设备和管道且供人员进入操作用的空间层。

（**21**）架空层——《通则》2.0.20

仅有结构支撑而无外围护结构的开敞空间层。

（**22**）楼梯——《通则》2.0.24

由连续行走的梯级、休息平台和维护安全的栏杆（或栏板）、扶手以及相应的支托结构组成的作为楼层间垂直交通用的建筑部件。

（**23**）走廊——《住规》2.0.23

住宅套外使用的水平交通空间。

◆ 仅针对住宅建筑而言。

（**24**）过道——《住规》2.0.14

住宅套内使用的水平交通空间。

◆ 仅针对住宅建筑而言

◆ 仅针对住宅建筑而言。

◆ 仅针对住宅建筑而言。

（25）阳台——《住规》2.0.12

供居住者进行室外活动、晒晾衣物等的空间。

（26）平台——《住规》2.0.13

供居住者进行室外活动的上人屋面或由住宅底层地面伸出室外的部分。

（27）管道井——《通则》2.0.28

建筑物中用于布置竖向设备管线的竖向井道。

（28）烟道——《通则》2.0.29

排除各种烟气的管道。

（29）通风道——《通则》2.0.30

排除室内蒸汽、潮气或污浊空气以及输送新鲜空气的管道。

（30）吊顶——《通则》2.0.27

悬吊在房屋屋顶或楼板结构下的顶棚。

（31）变形缝——《通则》2.0.25

为防止建筑物在外界因素作用下，结构内部产生附加变形和应力，导致建筑物开裂、碰撞甚至破坏而预留的构造缝，包括伸缩缝、沉降缝和抗震缝。

（32）层高——《通则》2.0.14

建筑物各层之间以楼、地面面层（完成面）计算的垂直距离，屋顶层由该层楼面面层（完成面）至平屋面的结构面层或至坡顶的结构面层与外墙外皮延长线的交点计算的垂直距离。

2. 建筑消防设计术语

（1）防火间距——《建规》2.0.21

防止着火建筑的辐射热在一定时间内引燃相邻建筑，且便于消防扑救的间隔距离。

（2）防火分区——《建规》2.0.20

在建筑内部采用防火墙、耐火楼板及其他防火分隔设施分隔而成，能在一定时间内防止火灾向同一建筑的其余部分蔓延的局部空间。

（3）防烟分区——《建规》2.0.22

在建筑内部屋顶或顶板、吊顶下采用具有挡烟功能的构配件进行分隔所形成的、具有一定蓄烟能力的空间。

（4.A）耐火极限——《建规》2.0.1

在标准耐火试验条件下，建筑构件、配件或结构从受到火的作用时起，到失去稳定性、完整性或隔热性时止的这段时间，用小时表示。

（4.B）耐火极限——《高规》2.0.3

建筑构件按时间－温度标准曲线进行耐火试验，从受到火的作用时起，到失去支持能力或完整性被破坏，或失去隔火作用时止的这段时间，用小时表示。

◆ 与《建规》的定义仅措词不同。

（5）不燃烧体——《建规》2.0.2和《高规》2.0.4

用不燃材料做成的建筑构件。

◆《住建规》用不燃性表述。

（6）难燃烧体——《建规》2.0.3和《高规》2.0.5

用难燃材料做成的建筑构件或用可燃材料做成而用不燃材料做保护层的建筑构件。

◆《住建规》用难燃性表述。

◆ 与《建规》的定义仅措词稍异。

◆ 条文说明：室内安全区域为符合规范规定的避难层、避难走道等，地下、半地下建筑或地下、半地下室中用实体防火墙分隔的相邻防火分区可视为安全区域。但这些场所均应考虑作为临时安全避难用。

（7.A）燃烧体——《建规》2.0.4
用可燃材料做成的建筑构件。

（7.B）燃烧体——《高规》2.0.4
用燃烧材料做成的建筑构件。

（8.A）安全出口——《建规》2.0.17
供人员安全疏散用的楼梯间、室外楼梯的出入口或直通室内外安全区域的出口。

（8.B）安全出口——《高规》2.0.15
保证人员安全疏散的楼梯或直通室外地平面的出口。

（9）疏散门——《建规》5.3.2 条文说明
直接通向疏散走道的门，疏散门有时也是安全出口。

◆ 设置条件详见《建规》7.4.1条和7.4.2条。

（10）封闭楼梯间——《建规》2.0.18
用建筑构配件分隔，能防止烟和热气进入的楼梯间。

【讨论】
● 未见非封闭楼梯间的定义。结合设置条件，可否定为："仅出入口一侧未用建筑构配件分隔的楼梯间称为非封闭楼梯间。"

● 同理敞开楼梯的定义可否为："有两侧或两侧以上未用建筑构配件分隔的楼梯称为敞开楼梯"。

（11）防烟楼梯间——《建规》2.0.19

在楼梯间入口处设有防烟前室，或设有专供排烟用的阳台、凹廊等，且通向前室和楼梯间的门均为乙级防火门的楼梯间。

（12.A）建筑高度——《建规》1.0.2 注 1

建筑高度的计算：当为坡屋面时，应为建筑物室外设计地面到檐口的高度；当为平屋面（包括有女儿墙的平屋面）时，应为建筑物室外设计地面到其屋面面层的高度；当同一座建筑物有多种屋面形式时，建筑高度应按上述方法分别计算后取其最大值。局部突出屋顶的瞭望塔、冷却塔、水箱间、微波天线间或设施、电梯机房、排风和排烟机房以及楼梯出口小间等，可不计入建筑高度。

◆ 条文说明："但屋顶坡度较大时，则应按设计地面至檐口与屋脊的平均高度计算。"

◆ 《建规图示》1.0.2 注图示 6 为建筑物处于不同高程地坪时，建筑高度的计算规定，且与《高规图示》2.0.2 图示 3 同。

◆ 《通则》对建筑屋顶局部突出部分是否计入建筑高度，尚有突出高度和面积比例的限定（详见该规范 4.3.1 和 4.3.2 条）。故本条规定系针对消防设计而言，与规划部门的定义不同。

- ◆ 平屋面建筑高度的计算与《建规》相同；对于坡屋面建筑高度的计算未见更详细阐述。屋顶局部突出部分不计入建筑高度的规定与《建规》相同。

- ◆ 该层数的折算仅针对消防设计而言。

- ◆ 《实施指南》第9.1.6条对何者可不计入建筑层数的规定与《建规》和《高规》相同。

- ◆ 条文说明："对于住宅建筑中层高超过3m的楼层，其防火设计的层数确定可按现行国家标准《住宅建筑规范》GB50368的规定计算确定。"但顶部为2层一套的跃层仍按1层计，此点仍与《住建规》不同。

（**12.B**）建筑高度——《高规》2.0.2

建筑物室外地面到其檐口或屋面面层的高度，屋顶上的水箱间、电梯机房、排烟机房和楼梯出口小间等不计入建筑高度。

（**13.A**）建筑层数——《住建规》9.1.6注

注1：当建筑和其他功能空间处于同一建筑内时，应将住宅部分的层数与其他功能空间的层数叠加计算建筑层数。

注2：当建筑中有一层或若干层的层高超过3m时，应对这些层按其高度的总和除以3m进行层数折算，余数不足1.5m时，多出部分不计入建筑层数；余数大于或等于1.5m时，余出部分按一层计算。

（**13.B**）建筑层数——《建规》1.0.2注2

建筑层数的计算：建筑的地下室、半地下室的顶板高出室外设计地面的高度小于等于1.5m者，建筑底部设置的高度不超过2.2m的自行车库、储藏室、敞开空间，以及建筑屋顶上突出的局部设备用房、出屋面的楼梯间等，可不计入建筑层数内。住宅顶部为2层一套的跃层，可按1层计，其他部位的跃层以及顶部多于2层一套的跃层，应计入层数。

（**13.C**）《高规图示》1.0.3 图示 1：仅表明对于顶部为 2 层跃层的十层居住建筑，仍按九层计，应执行《建规》。至于 > 10 层的住宅顶部为 2 层一套的跃层时是否也按 1 层计算，未见条文。

【讨论】

《住建规》关于建筑层数的折算方法并未取得《建规》和《高规》的完全认同，因此顶部为 2 层一套的（9＋1）层、（11＋1）层、（18＋1）层的住宅，是按 9 层、11 层、18 层，还是按 10 层、12 层、19 层进行防火设计，应执行当地消防审批部门的意见。

1.5 规范条文摘录说明

为便于读者查阅和区别，本书摘录的规范条文凡现行标准明确为强制性条文者均以黑体字示出。如《住建规》为全文强制，原文虽非黑体字，摘录后均改为黑体字；其余规范文本中凡已用黑体字示出强制性条文者，均遵照原文；现行规范文本中未用黑体字示出强制性条文者，则以中华人民共和国《工程建设标准强制性条文房屋建筑部分》（2002 年版）为准，摘录后改用黑体字。但在现行《高规》GB50045—95（2005 年版）中，除已标明为黑体字的强制性条文外，尚有多条在《工程建设标准强制性条文房屋建筑部分》（2002 年版）中曾列为强制性条文，却未用黑体字示出，是否修改在修订公告上也未进一步明确。为慎重起见，在摘录时仍遵照原文本字体，请读者注意。

◆《高规》对建筑层数的计算未见明确规定。

第2章 建筑分类和耐火等级

2.1 建筑分类和耐火等级

1.《住建规》9.2.2 四级耐火等级的住宅建筑最多允许建造层数为3层，三级耐火等级的住宅建筑最多允许建造层数为9层，二级耐火等级的住宅建筑最多允许建造层数为18层。

◆《住建规》对住宅建筑不进行建筑分类，而是直接用住宅的耐火等级限定其建造层数。用下表表达更为简明：

住宅的耐火等级	最多允许建造层数
一级	≥19
二级	18
三级	9
四级	3

◆ 本规定适用于不同层数的住宅建筑（含高层商住楼的住宅部分）。

◆《建规》也不进行建筑分类，也是直接用耐火等级限定其建造层数，且要求住宅建筑执行《住建规》9.2.2的规定。

2.《建规图示》5.1.7 图示 1~3 和《建规》5.1.1 条文说明 4：
要求 ≤9 层的不同耐火等级住宅的最多允许建造层数应执行《住建规》的规定。

3.A《高规》3.0.1 高层建筑应根据其使用性质、火灾危险性、疏散和补救难度进行分类。并

◆《高规》对高层建筑（含高

应符合表 3.0.1 的规定。

建筑分类（仅摘录与住宅有关的内容）　表 3.0.1

名称	一类	二类
居住建筑	≥19 层的住宅	10~18 层住宅
公共建筑	4. 建筑高度 >50m 或 24m 以上的任一层的建筑面积 >1500m² 的商住楼	1. 除一类建筑的……商住楼、……

3.B　《高规》3.0.4　一类高层建筑的耐火等级应为一级，二类高层建筑的耐火等级不应低于二级。

4.A　《建规》5.1.8　地下、半地下建筑（室）的耐火等级应为一级。

4.B　《高规》3.0.4　裙房的耐火等级不应低于二级。高层建筑地下室的耐火等级应为一级。

【小结】
● 《住建规》和《建规》均对建筑物不进行分类，而是依据住宅的耐火等级限定其层数。
● 《高规》则根据层数或面积对住宅（含商住楼）首先进行建筑分类，再按类别确定耐火等级。但其限定的最多建造层数也与《住建规》相同。

层住宅和商住楼）首先进行建筑分类，再按类别确定其耐火等级和设备专业消防设施的标准。

◆ 表中商住楼释义详见《高规图示》表 3.0.1 图示 1。

◆ 高层建筑不同耐火等级限定的建筑层数同《住建规》9.2.2 的规定。

◆ 民用建筑（含住宅和商住楼）地下室与半地下室的耐火等级应为一级。

● 民用建筑地下室的耐火等级均为一级。

2.2 建筑构件的燃烧性能和耐火极限

1.《住建规》9.2.1 住宅建筑的耐火等级应划分为一、二、三、四级,其构件的燃烧性能和耐火极限不应低于表 9.2.1 的规定。

◆ 对于不同层数的住宅建筑(含商住楼),根据《住建规》9.2.2 的规定,可确定其耐火等级,再依据本表则可知其建筑构件的燃烧性能和耐火极限的限值。

住宅建筑构件的燃烧性能和耐火极限(h)　　表 9.2.1

构件名称		耐火等级			
		一级	二级	三级	四级
墙	防火墙	不燃性 3.00	不燃性 3.00	不燃性 3.00	不燃性 3.00
	非承重外墙、疏散走道两侧的隔墙	不燃性 1.00	不燃性 1.00	不燃性 0.75	难燃性 0.75
	楼梯间的墙、电梯井的墙、住宅单元之间的墙、住宅分户墙、承重墙	不燃性 2.00	不燃性 2.00	不燃性 1.50	难燃性 1.00
	房间隔墙	不燃性 0.75	不燃性 0.50	难燃性 0.50	难燃性 0.25
柱		不燃性 3.00	不燃性 2.50	不燃性 2.00	难燃性 1.00
梁		不燃性 2.00	不燃性 1.50	不燃性 1.00	难燃性 1.00
楼板		不燃性 1.50	不燃性 1.00	不燃性 0.75	难燃性 0.50
屋顶承重构件		不燃性 1.50	不燃性 1.00	难燃性 0.50	难燃性 0.25
疏散楼梯		不燃性 1.50	不燃性 1.00	不燃性 0.75	难燃性 0.50

注:表中的外墙指除外保温层外的主体构件。

上表中无吊顶的相应数据，现根据《建规》表 5.1.1 和《高规》表 3.0.2 补充如下：

构件名称	耐火等级			
	一级	二级	三级	四级
吊顶 (包括吊顶格栅)	不燃烧体 0.25	难燃烧体 0.25	难燃烧体 0.15	燃烧体

◆ 住宅建筑中局部也可能做吊顶。

● 《建规》表 5.1.1 注 2：二级耐火等级的吊顶采用不燃烧体时，其耐火极限不限。

● 《建规》5.1.6：三级耐火等级且 ≥ 3 层的建筑中门厅、走道的吊顶应采用不燃烧体或耐火极限 0.25h 的难燃烧体。

◆ 表中的"不燃烧体"和"难燃烧体"在《住建规》表 9.2.1 中用"不燃性"和"难燃性"表述。

2. 《建规》表 5.1.1 注 5 住宅建筑构件的耐火极限和燃烧性能可按现行国家标准《住建规》GB50368 的规定执行。

◆ 对于 ≤ 9 层的住宅建筑构件，其燃烧性能和耐火极限应执行《住建规》9.2.1 的规定。

3. 《高规》3.0.2 高层建筑的耐火等级应分为一、二级，其建筑构件的燃烧性能和耐火极限不应低于表 3.0.2 的规定。

◆ 表 3.0.2 从略，因其限值与《住建规》9.2.1 相同。

◆ 可参阅《高规图示》3.0.2 图示 1。

4.A 《高规》3.0.5 二级耐火等级的高层建筑中，面积不超过 100m² 的房间隔墙，可采用耐火

◆ 鉴于住宅建筑的房间面积多 <100m²，则根

据《建规》和《高规》的规定可知：

在≤18层的住宅和二类商住楼中，住宅房间的隔墙也可采用耐火极限≥0.3h的不燃烧体，或耐火极限≥0.5h（高层住宅）及0.75h（非高层住宅）的难燃烧体。

◆ 参见《建规图示》5.1.1 图示6和5.1.2图示。

◆《建规》规定住宅建筑构件的燃烧性能和耐火极限应按《住建筑》表9.2.1执行。虽然《住建规》无左列调整规定，但在非高层住宅中，仍应执行。

◆ 可参见《建规图示》5.1.1 图示4和6，以及5.1.3图示~5.1.5图示。

等级不低于0.5h的难燃烧体或耐火极限不低于0.3h的不燃烧体。

4.B《建规》表5.1.1.注3 在二级耐火等级的建筑中，面积不超过100m² 的房间隔墙，如执行本表的规定确有困难时，可采用耐火极限不低于**0.3h** 的不燃烧体。

4.C《建规》5.1.2 二级耐火等级的建筑，当房间隔墙采用难燃烧体时，其耐火极限应提高**0.25h**。

**5.《建规》和《高规》均对某些建筑构件，在特定条件下其燃烧性能和耐火极限允许调整如下：

（1）《建规》表5.1.1 注1** 除本规范另有规定外，以木柱承重且以不燃烧材料作为墙体的建筑物，其耐火等级应按四级确定。

（2）《建规》表5.1.1 注4 在二级耐火等级建筑疏散走道两侧的隔墙按本表规定执行确有困难时，可采用耐火极限不低于**0.75h** 的不燃烧体。

（3）《建规》5.1.3 一、二级耐火等级建筑的上人平屋顶，其屋面板的耐火极限分别不低于**1.50h 和 1.00h**。

（4）《建规》5.1.4 一、二级耐火等级建筑的屋面板应采用不燃烧材料，但屋面板防水层和绝热层可采用可燃烧材料。

（5）《建规》5.1.5 二级耐火等级住宅的楼板采用预应力钢筋混凝土楼板时，该楼板的耐火极限不应低于 0.75h。

（6）《高规》3.0.3 预制钢筋混凝土构件的节点缝隙或金属构件节点的外露部位，必须加设防火保护层，其耐火极限不应低于本规范表 3.0.2 相应构件的耐火极限。

（7）《高规》3.0.6 二级耐火等级高层建筑的裙房，当屋顶不上人时，屋顶的承重构件可采用耐火极限不低于 0.50h 的不燃烧体。

（8）《高规》3.0.7 高层建筑内存放可燃物的平均重量超过 200kg/m² 的房间，当不设自动灭火系统时，其柱、梁、楼板和墙的耐火极限应按本规范第 3.0.2 条的规定提高 0.50h。

◆《高规》虽未明确高层住宅建筑构件的燃烧性能和耐火极限应执行《住建规》9.2.1 的规定，但二者规定相同，故左列条文应遵照执行。

6.A 《高规》附录 A（第 47 页）和《建规》条文说明 8（第 147 页），分别为各类建筑构件的燃烧性能和耐火极限值。

6.B 《高规》3.0.2 条文说明表 5（第 85 页）和《高规图示》第 16 页，则为建筑构件的实际耐火极限与该规范规定值的对比表。

◆ 均颇有参阅价值，限于篇幅，此处省略。

【小结】

- 《住建规》规定了不同层数住宅建筑构件的燃烧性能与耐火极限。
- 《建规》规定了住宅建筑构件的燃烧性能和耐火极限应按《住建规》执行。
- 《高规》的相关规定的限值也与《住建规》相同。
- 某些建筑构件在特定条件下,其燃烧性能和耐火极限允许进行调整。具体规定见《建规》和《高规》相关条文。
- 《建规》和《高规》中的"不燃烧体"和"难燃烧体",在《住建规》中用"不燃性"和"难燃性"表述。

2.3 建筑内部装修材料的燃烧性能等级

1.A 《建装规》2.0.2 装修材料按其燃烧性能应划分为四级,并应符合表 2.0.2 的规定:

装修材料燃烧性能等级 表 2.0.2

等级	装修材料燃烧性能
A	不燃性
B_1	难燃性
B_2	可燃性
B_3	易燃性

1.B 《建装规》2.0.9 常用建筑内部装修材料

燃烧性能等级划分，可按本规范附录B的举例确定（附录B本书从略）。

2.《建装规》3.2.1 单层、多层民用建筑内部装修材料的燃烧性能等级，不应低于表3.2.1的规定。

◆ 其他装饰材料系指楼梯扶手、挂镜线、踢脚板、窗帘盒、暖气罩等。

单层、多层民用建筑内部各部位装修材料的燃烧性能等级（仅摘录住宅部分） 表3.2.1

建筑物及场所	建筑规模、性质	装修材料燃烧性能等级						
		顶棚	墙面	地面	隔断	固定家具	窗帘	其他装饰材料
住宅	高级住宅	B_1	B_1	B_1	B_1	B_2	B_2	B_2
住宅	普通住宅	B_1	B_2	B_2	B_2	B_2		

3.《建装规》3.3.1 高层民用建筑内部装修材料的燃烧性能等级，不应低于表3.3.1的规定。

高层民用建筑内部各部位装修材料的燃烧性能等级（仅摘录商住楼及住宅部分） 表3.3.1

建筑物	建筑规模、性质	装修材料燃烧性能等级									
		顶棚	墙面	地面	隔断	固定家具	窗帘	帷幕	床罩	家具包布	其他装饰材料
商住楼	一类商住楼	A	B_1	B_1	B_1	B_2	B_1	B_1		B_2	B_1
商住楼	二类商住楼	B_1	B_1	B_2	B_2	B_2	B_2	B_2			B_2
住宅	高级住宅	A	B_1	B_2	B_1	B_2	B_1		B_1	B_2	B_1
住宅	普通住宅	B_1	B_1	B_2	B_2	B_2	B_2		B_2	B_2	B_2

注：建筑物的类别、规模、性质应符合国家现行标准《高层民用建筑设计防火规范》的有关规定。

4.《建装规》3.4.1 地下民用建筑内部各部

位装修材料的燃烧性能等级，不应低于表 3.4.1 的规定。

◆ 装饰织物系窗帘、帷幕、床罩、家具包布等。
◆ 汽车库顶板下采用EPS或XPS板保温时，达不到A级燃烧性能。

地下民用建筑内部各部位装修材料的燃烧性能等级（摘录）　　表 3.4.1

建筑物及场所	装修材料燃烧性能等级					
	顶棚	墙面	地面	隔断	固定家具	装饰织物	其他装饰材料
办公室	A	B_1	B_1	B_1	B_1	B_1	B_2
商场营业厅	A	A	A	B_1	B_1	B_1	B_2
停车库、人行通道	A	A	A	A	A		

5.《建装规》3.1.13　地上建筑的水平疏散走道和安全出口的门厅，其顶棚装饰材料应采用 A 级装修材料，其他部位采用不低于 B_1 级的装修材料。

◆ PVC、PS 及铝条板吊顶均达不到 A 级燃烧性能。

6.《建装规》3.1.16　建筑物内的厨房，其顶棚、墙面、地面均应采用 A 级装修材料。

第3章 防火间距与消防救援

3.1 防火间距

1.A 《住建规》9.1.1 住宅建筑的周围环境应为灭火救援提供外部条件。

◆ 性能化条文。

1.B 《住建规》9.3.1 住宅建筑与相邻建筑、设施之间的防火间距应根据建筑的耐火等级、外墙的防火构造、灭火救援条件及设施的性质等因素确定。

◆ 性能化条文。

1.C 《住建规》9.3.2 住宅建筑与相邻民用建筑之间的防火间距应符合表9.3.2的要求。当建筑相邻外墙采取必要的防火措施后,其防火间距可适当减少或贴邻。

◆ 减少防火间距的防火措施见本节第4条。

住宅建筑与相邻民用建筑之间的防火间距(m) 表 9.3.2

建筑类别			10层及10层以上住宅或其他高层民用建筑		10层以下住宅或其他非高层民用建筑			
					耐火等级			
			高层建筑	裙房	一、二级	三级	四级
10层以下住宅	耐火等级	一、二级	9	6	6	7	9
		三级	11	7	7	8	10
		四级	14	9	9	10	12
10层及10层以上住宅			13	9	9	11	14

◆ 本表适合于不同层数的住宅建筑。

- ◆《建规》表 5.2.1 的限值与《住建规》表 9.3.2 相同，故从略。
- ◆《建规》第 3 章和第 4 章的有关规定，系指民用建筑与厂房、仓库、储罐、材料堆场的防火间距，本书从略。
- ◆《高规》表 4.2.1 的限值与《住建规》表 9.3.2 相同，故从略。
- ◆ 高层建筑与厂（库）房、储罐的防火间距详见《高规》4.2.5～4.2.8 条的规定，本书从略。
- ◆《建规》表 5.2.1 注 1 与《高规》4.2.2 的规定相

1.D《建规》表 5.2.1 注 6 和《高规》表 4.2.1 注：防火间距应按相邻建筑外墙的最近距离计算；当外墙有突出的可燃构件时，应从其突出的部分外缘算起。

2.《建规》5.2.1　民用建筑之间的防火间距不应小于表 5.2.1 的规定，与其他建筑物之间的防火间距应按本规范第 3 章和第 4 章的有关规范执行。

3.《高规》4.2.1　高层建筑之间及高层建筑与其他民用建筑之间的防火间距不应小于表 4.2.1 的规定。

4. 当建筑物相邻的外墙采取必要的防火措施后，其防火间距可适当减少或贴邻。

（1.A）《建规》表 5.2.1 注 1：两座建筑物相邻较高一面外墙为防火墙或高出相邻较低一座

一、二级耐火等级建筑物的屋面 15m 范围内的外墙为防火墙且不开设门窗洞口时，其防火间距可不限。

（1.B）《高规》4.2.2 两座高层建筑或高层建筑与不低于二级耐火等级的单层、多层民用建筑相邻，当较高一面外墙为防火墙或比相邻较低一座建筑屋面高 15.00m 及以下范围内的墙为不开设门、窗洞口的防火墙时，其防火间距可不限。

（2.A）《建规》表 5.2.1 注 2：相邻的两座建筑物，当较低一座的耐火等级不低于二级、屋顶不设置天窗、屋顶承重构件及屋面板的耐火等级不低于 1.00h，且相邻的较低一面外墙为防火墙时，其防火间距不应小于 3.5m。

（2.B）《高规》4.2.3 两座高层建筑或高层建筑与不低于二级耐火等级的单层、多层民用建筑相邻，当较低一座的屋顶不设天窗、屋顶承重构件的耐火等级不低于 1.00h，且相邻的较低一面外墙为防火墙时，其防火间距可适当减小，但不宜小于 4.00m。

（3.A）《建规》表 5.2.1 注 3：相邻的两座建筑物，当较低一座的耐火等级不低于二级，相邻较高一面外墙的开口部位设置甲级防火门窗，或

同，仅措词有别。

◆《建规》表 5.2.1 注 2 与《高规》4.2.3 的规定条件相同，但限值不同：《建规》为 ≥ 3.5m，《高规》则为 ≥ 4.0m。

◆《建规》表 5.2.1 注 3 与《高规》4.2.4 的规定条件和限值均有

不同。

设置符合现行标准《自动喷水灭火系统设计规范》GB50084 规定的防火分隔水幕或本规范第 **7.5.3** 条规定的防火卷帘时,其防火间距不应小于 **3.5m**。

(3.B)《高规》4.2.4 两座高层建筑或高层建筑与不低于二级耐火等级的单层、多层民用建筑相邻,当相邻较高一面外墙耐火极限不低于 2.00h,墙上开口部位设有甲级防火门窗或防火卷帘时,其防火间距可适当减小,但不宜小于 4.00m。

◆ 参见《建规图示》5.2.1 图示 6。仅用于非高层建筑。

5.《建规》表 5.2.1 注 4:相邻两座建筑物,当相邻外墙为不燃烧体且无外露的燃烧体屋檐,每面外墙上未设置防火保护措施的门窗洞口不正对开设,且面积之和小于等于该外墙面积的 **5%** 时,其防火间距可按本表规定减少 **25%**。

◆ 仅用于多层住宅和办公楼。参见《建规图示》5.2.3 图示

6.《建规》5.2.3 数座一、二级耐火等级的多层住宅或办公楼,当建筑物的占地面积总和小于等于 $2500m^2$ 时,可成组布置,但组内建筑物之间的间距不应小于 4m。组与组或组与相邻建筑物之间的防火间距不应小于本规范第 5.2.1 条的规定。

【小结】

● 《住建规》规定了与不同层数住宅有关的

防火间距,且与《建规》和《高规》的限值相同。

● 减少防火间距的防火措施均应执行《建规》和《高规》的相关规定,且二者基本相同。

● 住宅与其他非民用建筑之间的防火间距,详见《建规》和《高规》的有关条文,本书从略。

3.2 消防救援

1.A 《住建规》9.8.1 10层及10层以上的住宅建筑应设置环形消防车道,或至少沿建筑的一个长边设置消防车道。

◆ 《住建规》9.8.1 要求高层住宅应设环形消防车道或至少沿一个长边设消防车道,与《高规》4.3.1 规定不同。

1.B 《建规》6.0.1 街道内的道路应考虑消防车的通行,其道路中心线的间距距离不宜大于 **160m**。当建筑物沿街道部分的长度大于 **150m** 或总长度大于 **220m** 时,应设置穿过建筑物的消防车道。当确有困难时,应设置环形消防车道。

◆ 建筑物沿街长度和总长度的计算规定详见《建规图示》6.0.1 图示 2。

◆ 当建筑物超长又不能设置穿过建筑物的消防车道时,应设环形消防车道。见《建规图示》6.0.1 图示 3。

1.C 《高规》4.3.1 高层建筑的周围,应设环形消防车道。当设环形消防车道有困难时,可沿高层建筑的两个长边设置消防车道,当建筑的

◆ 对于无法设置环形消防车道,而沿两个长边设置消防车道

的高层建筑，当其沿街或总长超长时，则要求设置穿过高层建筑的消防车道。此点与《建规》6.0.1 的规定有区别，详见《高规图示》4.3.1 图示 3。	沿街长度超过 **150m** 或总长度超过 **220m** 时，应在适中位置设置穿过建筑的消防车道。
◆《建规》与《高规》的规定相同。	**2.A**《建规》**6.0.2** 和《高规》**4.3.2** 有封闭内院或天井的建筑物（《高规》为"高层建筑的内院或天井"），当其短边长度大于 24m 时，宜设置进入内院或天井的消防车道。
◆ 详见《建规图示》6.0.4 图示。	**2.B**《建规》**6.0.4** 在穿过建筑或进入建筑内院的消防车道两侧，不应设置影响消防车通行和人员安全疏散的设施。
◆《建规》与《高规》的规定相同。 ◆ 注意：系指沿街建筑。	**3.**《建规》6.0.3 和《高规》4.3.1 有封闭内院或天井的建筑物（《高规》为"高层建筑"）沿街时，应设置连通街道和内院的人行通道（可利用楼梯间），其间距不宜大于 80m。
◆《建规》与《高规》对消防车道的净宽与净空高度均要求 ≥ 4m。	**4.A**《建规》**6.0.9** 消防车道的净宽度和净空高度均不应小于 **4.0m**。供消防车停留的空地，其坡度不宜大于 **3%**。

4.B《高规》4.3.4　消防车道的宽度不应小于 4.00m。消防车道距高层建筑外墙宜大于 5.00m，消防车道上空 4.00m 以下范围内不应有障碍物。

◆ 消防车道距高层建筑的净距宜 ≥ 5m。

4.C《高规》4.3.6　穿过高层建筑的消防车道，其净宽和净空高度均不应小于 4.00m。

4.D《高规》4.3.7　消防车道与高层建筑之间，不应设置妨碍登高消防车操作的树木、架空管线等。

5.A《建规》6.0.10　环形消防车道至少应有两处与其他车道连通。尽头式消防车道应设置回车道或回车场，回车场的面积不应小于 12m×12m；供大型消防车使用时，不宜小于 18m×18m。

　　消防车道的路面、扑救作业场地及其下面的管道和暗沟等应能承受大型消防车的压力。

◆《建规》与《高规》对大型消防车的回车场尺寸均要求 ≥ 18m×18m；对普通消防车回车场的尺寸，《建规》为 12m×12m，《高规》为 15m×15m。

5.B《高规》4.3.5　尽头式消防车道应设回车道或回车场，回车场不宜小于 15m×15m；大型消防车的回车场不宜小于 18m×18m。消防车道下的管道和暗沟等，应能承受消防车辆的压力。

6.A《住建规》9.8.2　供消防车取水的天然

◆《住建规》、《建

规》和《高规》三者的规定相同。

◆《建规》6.0.8为强制性条文。

◆ 高层建筑应设置扑救面。详见《高规图示》4.1.7 图示 1。

水源和消防水池应设置消防车道，并满足消防车的取水要求。

6.B《建规》6.0.8 和《高规》4.3.3 供消防车取水的天然水源和消防水池，应设消防车道。

7.《高规》4.1.7 高层建筑的底边至少有一个长边或周边长度的 1/4 且不小于 1 个长边长度，不应布置高度大于 5.00m，进深大于 4.00m 的裙房，且在此范围内必须设有直通室外的楼梯或直通楼梯间的出口。

【小结】

● 消防救援主要是指消防车道的设置。《住建规》对此涉及较少，其中对高层住宅允许沿一个长边设置消防车道，而《高规》则要求至少沿二个长边设置。

●《建规》与《高规》涉及的条文较多，但基本相同。仅对普通消防车回车场的最小尺寸规定有异：《建规》为 12m×12m，《高规》为 15m×15m。

第4章 防火与防烟分区

4.1 防火分区

1.《住建规》9.2.2 条文说明（摘录）考虑到住宅的分隔特点及其火灾特点，本规范强调住宅建筑户与户之间、单元与单元之间的防火分隔要求，不再划分防火分区。

◆《住建规》对住宅不划分防火分区。

2.《建规》5.1.7 民用建筑的耐火等级、最多允许建造层数和防火分区最大允许建筑面积应符合表 5.1.7 的规定。

表 5.1.7（仅摘录与住宅有关的内容）

耐火等级	最多允许层数	防火分区的最大允许建筑面积（m²）
一、二级	9层	2500
三级	5层	1200
四级	2层	600
地下、半地下建筑（室）		500

注：建筑内设置自动灭火系统时，该防火分区的最大允许建筑面积可按本表的规定增加 1.0 倍。局部设置时，增加面积可按该局部面积的 1.0 倍。

◆《建规》尽管也提高了单元间隔墙和户间隔墙的耐火极限（仍低于防火墙），但并未明确表示住宅建筑可以不划分防火分区。

◆ 本表适用于 9 层及 9 层以下的居住建筑（含设置商业服务网点者）。

◆ ≤100m 高的住宅建筑均不设自动灭火系统。

3.《高规》5.1.1 高层建筑内应采用防火墙等划分防火分区，每个防火分区允许最大建筑面积，不应超过表 5.1.1 的规定。

◆《高规》未明确表示住宅建筑可以不划分防火分区。

◆ 本表适用于高层住宅（含设置商业服务网点者）和商住楼。

◆ ≤100m 高或 <35 层的住宅建筑均不设自动灭火系统。

◆《建规》对"非封闭楼梯间"是否应按上下层叠加计算防火分区面积，未见解释说明。

◆ 上下层有连通开口时，防火分区面积应叠加，否则应分隔设施，《建规》与《高规》的规定相同。

每个防火分区的允许最大建筑面积　　　表 5.1.1

建筑类别	每个防火分区建筑面积（m²）
一类建筑	1000
二类建筑	1500
地下室	500

注：设有自动灭火系统的防火分区，其允许最大建筑面积可按本表增加 1.00 倍；当局部设置自动灭火系统时，增加面积可按该局部面积的 1.00 倍计算。

4.A《建规》5.1.9 当多层建筑物内设置自动扶梯、敞开楼梯等上下层相连通的开口时，其防火分区面积应按上下层相连通的面积叠加计算；当其建筑面积之和大于本规范 5.1.7 条的规定时，应划分防火分区。

4.B《高规》5.1.4 高层建筑内设有上下层相连通的走廊、敞开楼梯、自动扶梯、传送带等开口部位时，应按上下连通层作为一个防火分区，其允许的建筑面积之和不应超过本规范 5.1.1 条的规定。当上下开口部位设有耐火极限大于 3.00h 的防火卷帘或水幕等分隔设施时，其面积可不叠加计算。

【小结】

● 《住建规》明确住宅建筑不划分防火分区。

● 《建规》和《高规》均未明确同意《住建规》的上述理念，三者有待进一步协调统一。

● 《建规》和《高规》均视上下连通层为一个防火分区。

【讨论】

● 《高规》5.1.1~5.1.4 条文说明三称:"比较严格的防火分区应包括楼板的水平防火分区和垂直防火分区两部分,所谓水平防火分区,就是用防火墙或防火门、防火卷帘等将各楼层在水平方向分隔为两个或几个防火分区;所谓垂直防火分区就是将具有 1.5h 或 1.0h 耐火极限的楼板和窗间墙(两上、下窗之间的距离不小于 1.2m)将上下层隔开"。但对于窗槛墙应≥1.2m 的要求,在《建规》和《高规》中并未见明确而普遍性的条文规定,在《住建规》中也仅见窗槛墙应≥0.8m 的规定。

● 对于单元式住宅,当同层各单元建筑面积之和超限时,是否应划分防火分区?《建规》和《高规》未作明确规定。

● 对于通廊式和高层塔式住宅,当同层建筑面积超限时,理应划分防火分区。

4.2 防烟分区

1. 《住建规》未涉及防烟分区的相关规定。

2. 《建规》9.4.2 需设置机械排烟设施且室内净高小于等于 6m 的场所应划分防烟分区;每个防烟分区的建筑面积不宜超过 500m²,防烟分区不应跨越防火分区。

防烟分区宜采用隔墙、顶棚下凸出不小于 500mm 的结构梁以及顶棚或吊顶下凸出不小于

◆ 住宅建筑系由墙体分隔成的较小空间组成,且多有自然采光与通风,故一般不需划分防烟分区。

◆ 住宅建筑仅在

无法自然排烟的楼梯间及前室、消防电梯间前室或合用前室设置机械防烟设施，以及在超限的内走道或超限的地下室等处设置机械排烟设施。

◆《建规》9.4.2与《高规》5.1.6的规定相同。

500mm 的不燃烧体等进行分隔。

3.《高规》5.1.6　设置排烟设施的走道、净高不超过 6.00m 的房间，应采用挡烟垂壁、隔墙或从顶棚下凸出不小于 0.50m 的梁划分防烟分区。每个防烟分区的建筑面积不宜超过 500m²，且防烟分区不应跨越防火分区。

【小结】

● 住宅建筑一般不需要划分防烟分区。

● 住宅中何处需设置机械防烟、排烟设施系暖通专业的设计内容（详见《建规》和《高规》相关规定），建筑专业应在设计中根据其要求给予配合。

4.3　自然排烟

◆ 需设排烟设施的部位。

◆ 排烟设施可采用机械排烟方式或可开启外

1.A《建规》9.1.3 和 9.2.1（摘录）　下列场所应设置排烟设施：公共建筑中长度大于 20m 的走道和其他建筑中地上长度大于 40m 的疏散走道；总建筑面积大于 200m² 或 1 个房间建筑

面积大于 50m² 且经常有人停留或可燃物较多的地下、半地下建筑或地下室、半地下室。

窗的自然排烟方式，同样，防烟设施可采用机械加压送风防烟方式或可开启外窗的自然排烟方式。而自然排烟方式属于建筑专业设计的内容。
◆ 参见《建规图示》9.1.3 图示 6、7。

1.B《高规》8.1.3（摘录） 一类高层建筑和建筑高度超过 32m 的二类高层建筑的下列部位应设排烟设施：长度超过 20m 的内走道；经常有人停留或可燃物较多的地下室。

◆ 参见《高规图示》8.1.3 图示 1~3。

1.C《高规》6.1.5　除设有排烟设施和应急照明者外，高层建筑内的走道长度超过 20m 时，应设置直接天然采光和自然通风的设施。

◆ 参见《高规图示》6.1.5 图示 1。

2.A《建规》7.4.1（摘录）疏散用的楼梯间应符合下列规定：**楼梯间应能天然采光和自然通风，并宜靠外墙设置。**

◆ 楼梯间和前室宜靠外墙，以便自然采光和排烟。

2.B《高规》8.2.1　除建筑高度超过 50m 的一类公共建筑和建筑高度超过 100m 的居住建筑外，靠外墙的防烟楼梯间及其前室、消防电梯间

◆ 建筑高度超过 50m 或 24m 以上任一楼层建筑面积超过

1500m² 的商住楼属一类公共建筑。
◆ 自然排烟口的净面积，《建规》与《高规》的规定基本相同。

前室和合用前室，宜采用自然排烟。

3.A《建规》9.2.2（摘录）设置自然排烟设施的场所，其自然排烟口的净面积应符合下列规定：

（1）防烟楼梯间前室、消防电梯间前室，不应小于 2.0m²；合用前室不应小于 3.0m²。

（2）靠外墙的防烟楼梯间，每 5 层内可开启排烟窗的总面积不应小于 2.0m²。

（3）其他场所，宜取该场所建筑面积的 2%～5%。

3.B《高规》8.2.2（摘录） 采用自然排烟的开窗面积应符合下列规定：

8.2.2.1 防烟楼梯间前室、消防电梯间前室可开启外窗面积不应小于 2.00m²；合用前室不应小于 3.00m²。

8.2.2.2 靠外墙的防烟楼梯间每五层内可开启排烟窗的总面积之和不应小于 2.0m²。

8.2.2.3 长度不超过 60m 的内走道可开启外窗面积不应小于走道面积的 2%。

8.2.2.4 需要排烟房间可开启外窗面积不应小于该房间面积的 2%。

◆ 该条条文说明允许外窗集中开设在上部楼层内，满足面积要求即可。

◆《建规》9.2.4 较《高规》8.2.4 的规定更为具体。

4.A《建规》9.2.4 作为自然排烟的窗口宜设置在房间的外墙上方或屋顶上，并应有方便开启的装置。自然排烟口距该防烟分区最远点的水平距离不应超过 30m。

4.B《高规》8.2.4　排烟窗宜设置在上方，并应有方便开启的装置。

5.A《建规》9.2.3　当防烟楼梯间前室、合用前室采用敞开的阳台、凹廊进行防烟，或前室、合用前室内有不同朝向且开口面积符合本规范第 9.2.2 条规定的可开启外窗时，该防烟楼梯间可不设置防烟设施。

◆ 防烟楼梯间如不设防烟设施，《建规》和《高规》的规定相同。
◆ 参见《建规图示》9.2.3 图示。

5.B《高规》8.2.3　防烟楼梯间前室或合用前室，利用敞开的阳台、凹廊或前室内有不同朝向的可开启外窗自然排烟时，该楼梯间可不设防烟设施。

【小结】
● 住宅建筑中采用自然排烟的部位主要有：楼梯间及其前室、消防电梯间前室或合用前室；超限的内走道（通廊式和塔式住宅中可能出现）；超限的地下室或半地下室。
● 其自然排烟口的位置和净面积应执行《建规》和《高规》的相关规定。

第5章 安全疏散

5.1 一般规定

◆ 电梯不供疏散用。

1.《建规》5.3.6 自动扶梯和电梯不应作为安全疏散设施。

◆ 在商住楼和有商业服务网点的住宅中，住宅的疏散楼梯与安全出口应独立设置。

2.A《住建规》9.1.3 当住宅与其他功能空间处于同一建筑内时，住宅部分与非住宅部分之间应采用防火分隔措施，且住宅部分的安全出口和疏散楼梯应独立设置。

2.B《建规》5.4.6 住宅与其他功能空间处于同一建筑内时，应符合下列规定：

（1）住宅与非住宅部分之间应采用不开设门窗洞口的耐火极限不低于 **1.50h** 的不燃烧体楼板和不低于 **2.0h** 的不燃烧体隔墙与居住部分完全分隔，且居住部分的安全出口和疏散楼梯应独立设置；

◆ 住宅与非住宅部分之间的分隔措施。

（2）其他功能场所和居住部分的安全全疏散、消防设置等防火设计，应分别按照本规范中住宅建筑和公共建筑的有关规定执行，其中居住部分的层数确定应包括其他功能部分的层数。

2.C《高规》6.1.3A 商住楼中住宅的疏散楼梯应独立设置。

2.D《建规》2.0.14（摘录） 商业服务网点安全出口、疏散楼梯与居住部分的安全出口、疏散楼梯分别独立设置。

2.E《高规》2.0.17 商业服务网点用房与住宅的疏散楼梯和安全出口应分别独立设置。

3.A《建规》7.4.4（摘录） 建筑物中的疏散楼梯间在各层的平面位置不应改变。

◆ 楼梯间在各层不应移位。

3.B《高规》6.2.6（摘录） 除通向避难层错位的楼梯外，疏散楼梯间在各层的位置不应改变，……。

4.A《住建规》9.5.1（摘录） 安全出口应分散布置，两个安全出口之间的距离不应小于 **5m**。

◆ 两个安全出口的净距应≥5m。

4.B《建规》5.3.1（摘录） 民用建筑的安全出口应分散布置。每个防火区、一个防火分区的每个楼层，其相邻的 **2** 个安全出口最近边缘之间的水平距离不应小于 **5m**。

4.C《高规》6.1.5（摘录） 高层建筑的安全出口应分散布置，两个安全出口之间的距离不应小于 5m。

◆ 走道的防火分区处应设甲级常开防火门。

5.《建规》7.4.11（摘录） 疏散走道在防火分区处应设置甲级常开防火门。

◆ 外门上方设防火挑檐。

6.《高规》6.1.17（摘录） 建筑物直通室外的安全出口上方，应设置宽度不小于1.00m的防火挑檐。

5.2 2~9层住宅楼梯间的形式及数量

◆ 性能性要求。

1.A《住建规》9.5.3（摘录）住宅建筑楼梯间的形式应根据建筑形式、建筑层数、建筑面积以及套房户门的耐火等级等因素确定。

◆ 楼梯间形式的确定。

1.B《建规》5.3.11（摘录） 居住建筑的楼梯间设置形式应符合下列规定：

（1）通廊式居住建筑当建筑层数超过2层时应设封闭楼梯间；当户门采用乙级防火门时，可不设置封闭楼梯间；

（2）其他形式的居住建筑当建筑层数超过6层或任一层建筑面积大于500m^{2}时，应设封闭楼梯间；当户门或通向疏散走道、楼梯间的门、窗为乙级防火门、窗时，可不设置封闭楼梯间。

当住宅中的电梯井与疏散楼梯间相邻布置时，应设置封闭楼梯间，当户门采用乙级防火门时，可不设置封闭楼梯间。

2.A《住建规》9.5.1　住宅建筑应根据建筑的耐火等级、建筑层数、建筑面积、疏散距离等因素设置安全出口，并符合下列要求（摘录）：

（1）10层以下的住宅建筑，当住宅单元任一层的建筑面积大于 $650m^2$，或任一套房的户门至安全出口的距离大于 15m 时，该住宅单元每层的安全出口不应少于 2 个。

◆ 楼梯间数量的确定。

2.B《建规》5.3.11（摘录）　居住建筑单元任一层建筑面积大于 $650m^2$，或任一住户的户门至安全出口的距离大于 15m 时，该建筑单元每层安全出口不应少于 2 个。

◆ 与《住建规》9.5.1 的规定相同，仅措词稍异。

【小结】
● 2~9 层住宅不考虑设置防烟楼梯间。
●《住建规》与《建规》关于 2~9 层住宅楼梯间形式及数量的规定是一致的。
● 相关规定用表 5.1 表述更为简明。

5.3　高层塔式住宅楼梯间的形式及数量

1.A《住建规》9.5.3（摘录）　住宅建筑的楼梯间形式应根据建筑形式、建筑层数、建筑面积以及套房户门的耐火等级等因素确定。

◆ 性能化要求。

1.B《高规》6.2.1（摘录）　一类建筑和除单元式和通廊式住宅外的建筑高度超过 32m 的二

◆ 楼梯间形式的确定。

2~9层（低层、多层、中高层）住宅楼梯间的形式及数量   表5.1

类型	层数	楼梯间的形式			楼梯间的数量	
		《建规》第5.3.11条		《住建规》第5.9.3条	《建规》第5.3.11条	《住建规》第9.5.1条
		非封闭楼梯间	封闭楼梯间			
单元式和塔式住宅	2~6层	任一层的建筑面积≤500m²	任一层的建筑面积>500m²	楼梯间的形式应根据建筑的形式、建层的建筑面积、建筑的层数、建筑面积以及户门的耐火等级等因素确定（性能化要求）	住宅单元任一层的建筑面积>650m²或任一楼梯间距最远户门的耐火>15m时，楼梯间应≥2个	同左
		任一层的建筑面积>500m²，但户门或通向走道、楼梯间的门窗为乙级防火门窗				
		楼梯间与电梯井相邻但户门为乙级防火门	楼梯间与电梯井相邻且户门不是乙级防火门			
	7~9层	户门或通向走道、楼梯间的门窗为乙级防火门窗	应为封闭楼梯间			
通廊式住宅	2层	应为非封闭楼梯间，或楼梯井与电梯井相邻但户门是乙级防火门	楼梯间与电梯井相邻且户门不是乙级防火门			
	3~9层		应为封闭楼梯间			

类建筑以及塔式住宅，均应设防烟楼梯间。

2.A《住建规》9.5.1 住宅建筑应根据建筑的耐火等级、建筑层数、建筑面积、疏散距离等因素设置安全出口，并符合下列要求（摘录）：

（2）10层及10层以上但不超过18层的住宅建筑，当住宅单元任一层的建筑面积大于650m²，或任一套房的户门至安全出口的距离大于10m时，该住宅单元每层的安全出口不应少于2个。

（3）19层及19层以上的住宅建筑，每个住宅单元每层的安全出口不应少于2个。

2.B《高规》6.1.1（摘录） 高层建筑每个防火分区的安全出口不应少于两个。但符合下列条件之一的，可设一个安全出口（摘录）：

6.1.1.1 十八层及十八层以下，每层不超过8户、建筑面积不超过650m²且设有一座防烟楼梯间和消防电梯的塔式住宅。

【小结】
- 高层塔式住宅均应为防烟楼梯间。
- ≥19层时楼梯间应≥2个。
- 10~18层时设置1个楼梯间的条件《住建规》与《高规》不同。
- 相关规定用表5.2表述更为简明。

◆ 楼梯间数量的确定。

◆ 与《高规》的规定不同。

◆ 与《高规》的规定相同。

◆《高规》关于10~18层塔式住宅设置1个楼梯间的规定与《住建规》不同。

高层塔式住宅楼梯间的形式及数量　　表5.2

层数	楼梯间的形式		楼梯间的数量	
	《高规》第6.2.1条	《住规》第9.5.3条	《高规》第6.1.1.1条	《住规》第9.5.1条
10~18层	均应设防烟楼梯间	楼梯间的形式应根据建筑的形式、建筑的层数、建筑面积以及套房户门的耐火等级因素确定（性能化要求）	每层≤8户，建筑面积≤650m²，且设有防烟楼梯间和消防电梯时，可设1个楼梯间	住宅单元任一层的建筑面积≥650m²或任一户门至楼梯间的距离>10m时，楼梯间应≥2个
≥19层			≥2个	≥2个

5.4 高层单元式住宅楼梯间的形式及数量

1.A《住建规》9.5.3（摘录） 住宅建筑的楼梯间形式应根据建筑形式、建筑层数、建筑面积以及套房户门的耐火等级等因素确定。

◆ 性能化要求。

1.B《高规》6.2.3（摘录） 单元式住宅每个单元的疏散楼梯均应通至屋顶，其疏散楼梯间的设置应符合下列规定：

6.2.3.1 十一层及十一层以下的单元式住宅可不设封闭楼梯间，但开向楼梯间的户门应为乙级防火门，且楼梯间应靠外墙，并应有直接天然采光和自然通风。

6.2.3.2 十二层至十八层的单元式住宅应设封闭楼梯间。

6.2.3.3 十九层及十九层以上的单元式住宅应设防烟楼梯间。

◆ 楼梯间形式的确定。

2.A《住建规》9.5.1 住宅建筑应根据建筑的耐火等级、建筑层数、建筑面积、疏散距离等因素设置安全出口，并符合下列要求（摘录）：

（2）10层及10层以上但不超过18层的住宅建筑，当住宅单元任一层的建筑面积大于650m^2，或任一套房的户门至安全出口的距离大于10m时，该住宅单元每层的安全出口不应少于2个。

◆ 与《高规》的规定不同。

（3）19层及19层以上的住宅建筑，每个

◆ 与《高规》的规定不同。

◆《高规》对10~18层及≥19层的单元式高层住宅均规定了设置1座楼梯间的条件，且均与《住建规》不同。

◆窗间墙宽度系指户间者，窗槛墙高度系指全部外墙。详见《高规图示》6.1.1 图示 3~6。

住宅单元每层的安全出口不应少于 2 个。

2.B《高规》6.1.1（摘录） 高层建筑每个防火分区的安全出口不应少于两个。但符合下列条件之一的，可设一个安全出口（摘录）：

6.1.1.2 十八层及十八层以下每个单元设一座通向屋顶的疏散楼梯，单元之间的楼梯通过屋顶连通，单元与单元之间设有防火墙，户门为甲级防火门，窗间墙宽度、窗槛墙高度大于 1.2m 且为不燃烧体墙的单元式住宅。

超过十八层，每个单元设有一座通向屋顶的疏散楼梯，十八层以上部分每层相邻单元楼梯通过阳台或凹廊连通（屋顶可以不连通），十八层及十八层以下部分单元与单元之间设有防火墙，且户门为甲级防火门，窗间墙宽度、窗槛墙高度大于 1.2m 且为不燃烧体墙的单元式住宅。

【讨论】

《高规》6.1.1.2 关于单元式高层住宅设置一个楼梯间的规定，过于复杂，尤其是≥19层时，其单元间的连廊更降低了居住条件。因此，在实际工程中常采用"连塔"做法：

10~18 层时，每个单元均按塔式住宅的规定，每层≤8户、建筑面积≤650m^2、设有 1 座通向屋顶的防烟楼梯间和消防电梯，且单元间为防火墙；≥19 层时，则采用剪刀梯满足 2

高层单元式住宅楼梯间的形式及数量　　表5.3

层数	楼梯间的形式 《高规》第6.2.3条			楼梯间的数量		
	非封闭楼梯间	封闭楼梯间	防烟楼梯间	《住建规》第9.5.3条	《高规》第6.1.1.2条	《住建规》第9.5.1条
10层和11层	户门为乙级防火门且楼梯间靠外墙并直接采光和自然通风	—	—	楼梯间的形式应根据建筑的形式、建筑层数、建筑面积以及套型户门的耐火等级等因素确定（性能化要求）	每个单元设有1座通向屋面的疏散楼梯，并通过屋顶相连通；单元之间设有防火墙；窗间墙宽度、窗槛墙高度≥1.2m且为不燃体墙体，可设一个安全出口	住宅单元任一层的建筑面积>650m²或任一套房的户门距楼梯间>10m时，楼梯间应≥2个
12~18层	—	应设封闭楼梯间	—			
≥19层	—	—	应设防烟楼梯间		≤18层的做法同上；≥19层的每层相邻单元楼梯通过阳台或凹廊连通（屋顶可以不连通），每个单元设有1座通向屋面的疏散楼梯时，可设1个安全出口	≥2个

座疏散楼梯的要求。不仅设计简单,而且实用经济。

但此做法无相关的规范依据,必须征得当地消防审批部门的认可。

【小结】

● 10~18 层的单元式住宅应设封闭楼梯间。但 10 层和 11 层时,如门为乙级防火门,则可设非封闭楼梯间。

● ≥19 层的单元式住宅应设防烟楼梯间。

● 10~18 层单元式住宅设置 1 座楼梯间的条件,《住建规》与《高规》的规定差别较大。

● ≥19 层的单元式住宅楼梯间的数量,《住建规》规定应≥2 座,而《高规》仍规定了设置 1 座楼梯间的条件。

● 相关规定用表 5.3 表述更为简明。

5.5 高层通廊式住宅楼梯间的形式及数量

◆ 性能化要求。

1.A《住建规》9.5.3(摘录) 住宅建筑的楼梯间形式应根据建筑形式、建筑层数、建筑面积以及套房户门的耐火等级等因素确定。

◆ 楼梯间形式的确定。

1.B《高规》6.2.4 十一层及十一层以下的通廊式住宅应设封闭楼梯间,超过十一层的通廊式住宅应设防烟楼梯间。

第 5 章　安全疏散

2.A《住建规》9.5.1　住宅建筑应根据建筑的耐火等级、建筑层数、建筑面积、疏散距离等因素设置安全出口，并符合下列要求（摘录）：

（2）10 层及 10 层以上但不超过 18 层的住宅建筑，当住宅单元任一层的建筑面积大于 650m^2，或任一套房的户门至安全出口的距离大于 10m 时，该住宅单元每层的安全出口不应少于 2 个。

（3）19 层及 19 层以上的住宅建筑，每个住宅单元每层的安全出口不应少于 2 个。

2.B《高规》6.1.1（摘录）　高层建筑每个防火分区的安全出口不应少于两个。

◆ 楼梯间数量的确定

◆ 与《高规》的规定不同。

◆ 与《高规》的规定不同。

◆ 通廊式高层住宅每层 ≥ 1 个防火分区。不考虑设置 1 个楼梯间的条件，与《住建规》规定不同。

◆ 通廊式住宅平面与办公楼相似，火灾范围大，不利于安全疏散，故规定严于单元式住宅（参见《高规》6.2.4 条文说明及《高规图示》6.1.1 图示 1）。

【讨论】
　　对于某些"短廊式"住宅，很难界定其住宅类型。因此，如户门至安全出口的距离和任一层的建筑面积均满足《住建规》的限值时，可仍设一个安全出口，不按通廊式高层住宅考虑。

【小结】
● 高层通廊式住宅不考虑设置非封闭楼梯间。
● 10 层和 11 层为封闭楼梯间，≥ 12 层为防烟楼梯间。

表 5.4 高层通廊式住宅楼梯间的形式及数量

层数	楼梯间的形式			楼梯间的数量	
	《高规》第 6.2.4 条		《住规》第 9.5.3 条	《高规》第 6.1.1 条	《住规》第 9.5.1 条
	封闭楼梯间	防烟楼梯间			
10 和 11 层	应设封闭楼梯间	—	楼梯间的形式应根据建筑的形式、建筑的层数、建筑面积以及套房户门的耐火等级因素确定（性能化要求）	高层建筑每个防火分区的安全出口不应少 2 个	住宅单元任一层的建筑面积≥650m² 或任一套房间的户门至楼梯间 10m 时，楼梯间应≥2 个
12~18 层	—	应设防烟楼梯间			
≥19 层					≥2 个

● 《高规》规定楼梯间均应 ≥ 2 个。《住建规》仍给出 10~18 层设置 1 个楼梯间的条件。

● 相关规定用表 5.4 表述更为简明。

5.6 安全疏散距离

1.A《住建规》9.5.1（摘录） 住宅建筑应根据建筑的耐火等级、建筑层数、建筑面积、疏散距离等因素设置安全出口，并应符合下列要求（摘录）：

（1）10 层以下的住宅建筑，当住宅单元任一层的建筑面积大于 $650m^2$，或任一套户门至安全出口的距离大于 15m 时，该住宅单元每层的安全出口不应少于 2 个。

1.B《建规》5.3.11 居住建筑单元任一层的建筑面积大于 $650m^2$，或任一住户的户门至安全出口的距离大于 15m 时，该建筑单元每层安全出口不应小于 2 个。

2.《住建规》9.5.1（摘录）

（2）10 层及 10 层以上但不超过 18 层的住宅建筑，当住宅单元任一层的建筑面积大于 $650m^2$，或任一套房的户门至安全出口的距离大于 10m 时，该住宅单元每层的安全出口不应少于 2 个。

◆ 2~9 层的住宅单元按规定设置 1 部疏散楼梯时，任一户门至楼梯的距离应 ≤ 15m。且《住建规》与《建规》的规定是一致的。

◆ 10~18 层住宅单元按规定设置 1 部疏散楼梯时，任一户门至楼梯的距离应 ≤ 10m。但仅为《住建规》的规定，与《高规》6.1.5 条不同。

◆ 性能化要求，应执行《建规》和《高规》的规定。

◆ 2~9层按规定设有2个楼梯间的住宅，其疏散距离应执行《建规》本条规定。

3.A 《住建规》9.5.2 每层有2个及2个以上安全出口的住宅单元，套房户门至最近安全出口的距离应根据建筑的耐火等级、楼梯间形式和疏散方式确定。

3.B 《建规》5.3.13 民用建筑的安全疏散距离应符合下列规定（摘录）：

（1）直接通向疏散走道的房间疏散门至最近安全出口的距离应符合表5.3.13的规定；

直接通向疏散走道的房间疏散门至最近安全出口的最大距离（m）　　表5.3.13

	位于两个安全出口之间的疏散门			位于袋形走道两侧或尽端的疏散门		
	耐火等级			耐火等级		
	一、二级	三级	四级	一、二级	三级	四级
托儿所、幼儿园						
医院、疗养院			（从略）			
学校						
其他民用建筑	40	35	25	22	20	15

原表注从略。

◆ 参见《建规图示》5.3.13图示1、2。

（2）直接通向疏散走道的房间疏散门至最近非封闭楼梯间的距离，当房间位于两个楼梯间之间时，应按表5.3.13的规定减少5m；当房间位于袋形走道两侧或尽端时，应按表5.3.13的规定减少2m；

（3）楼梯间的首层应设置直通室外的安全出口或在首层采用扩大封闭楼梯间。当层数不超过4层时，可将直通室外的安全出口设置在离楼梯

第 5 章 安全疏散

间小于等于 **15m** 处；

（4）房间内任一点到该房间直接通向疏散走道的疏散门的距离，不应大于表 **5.3.13** 中规定的袋形走道两侧或尽端疏散门至安全入口的最大距离。

3.C《高规》**6.1.5** 高层建筑的安全出口应分散布置，两个安全出口之间的距离不应小于 **5.00m**。安全疏散距离应符合表 **6.1.5** 的规定（摘录）：

安全疏散距离　　　　　　　　表 6.1.5

高层建筑	房间门或住宅户门至最近的外部出口或楼梯间的最大距离（m）	
	位于两个安全出口之间的房间	位于袋形走道两侧或尽端的房间
医院	（从略）	
旅馆、展览馆、教学楼	（从略）	
其他	40	20

3.D《高规》**6.1.7**（摘录）……；其他房间内最远一点至房门的直线距离，不宜超过 **15m**。

◆ 住宅户内最远房间任一点至户门的距离应执行本项规定，参见《建规图示》5.3.13 图示 7。

◆ ≥10 层按规定设有 2 个楼梯间的住宅，其疏散距离应执行《高规》的本条规定。

◆ 10~18 层按规定设有 1 个楼梯间的住宅，其户门至安全出口的疏散距离应执行《高规》本条规定还是执行《住建规》9.5.1 的规定，应征得审批部门的同意。

◆ 高层住宅户内最远房间任一点至户门的距离应按本条执行。

◆ 本条中的房门即为"户门"（见条文说明）。

◆《高规》对跃层式住宅户内梯距离的计算未规定，可参照本条。

4.《建规》表 5.3.13 注 4：房间内任一点至该房间直接通向疏散走道的疏散门的距离计算：住宅应为最远房间任一点到户门的距离，跃层式住宅户内楼梯的距离可按其梯段总长度的水平投影尺寸计算。

◆ ≤9层跃廊式住宅小楼梯一段距离的计算《建规》未规定，可参照本条。

5.《高规》6.1.6 跃廊式住宅的安全疏散距离，应从户门算起，小楼梯的一段距离按 1.50 倍水平投影计算。

【小结】

● 按规定设置 1 部楼梯的住宅单元，户门至楼梯的最大距离：2~9 层时为 15m；10~18 层时《住建规》为 10m、《高规》为 20m。

● 按规定设置 2 部楼梯的住宅单元，户门至楼梯的最大距离：2~9 层时执行《建规》表 5.3.13 的规定；≥10 层时执行《高规》表 6.1.5 的规定。

● 户内最远房间任一点到户门的距离：2~9 层时按《建规》表 5.3.13 中袋形走道尽端疏散门至楼梯的距离控制；≥10 层时应按《高规》6.1.7 条的 15m 控制。

◆ 跃层式和跃廊式为不同的住宅类型。

● 跃层式住宅户内梯的距离，按梯段总长度的水平投影尺寸计算。跃廊式住宅小楼梯的距离，按梯段总长度水平投影尺寸的 1.5 倍计算。

5.7 安全疏散宽度

1.A《住规》4.1.2 楼梯梯段净宽不应小于 **1.10m**。六层及六层以下住宅，一边设有栏杆的梯段净宽不应小于 **1m**。

注：楼梯梯段净宽系指墙面至扶手中心之间的水平距离。

1.B《住建规》5.2.3（摘录） 楼梯梯段净宽不应小于 **1.10m**。六层及六层以下住宅，一边设有栏杆的梯段净宽不应小于 **1.00m**。

1.C《建规》5.3.14 摘录 除本规范另有规定者外，建筑中的疏散走道、安全出口、疏散楼梯以及房间疏散门的各自总宽度应经计算确定。

疏散楼梯的净宽度不应小于 **1.1m**；不超过 **6 层**的单元式住宅，当疏散楼梯的一边设置栏杆时，最小净宽度不宜小于 **1m**。

1.D《高规》6.2.9 每层疏散楼梯的宽度应按其通过人数每 100 人不小于 1.00m 计算，各层人数不相等时，其总宽度可分段计算，下层疏散楼梯总宽度应按其上层人数最多的一层计算。疏散楼梯的最小净宽度不应小于表 6.2.9 的规定。

该表摘录：居住建筑疏散楼梯的最小净宽度为 1.10m。

◆《住规》、《住建规》、《建规》、《高规》均规定住宅疏散楼梯的最小净宽为 1.1m。前三者又规定六层及六层以下住宅当疏散楼梯的一边设置栏杆时，最小净宽度为 1m。

◆ 住宅建筑每层居住人数一般均小于 100 人，故疏散宽度均可取规范最小值。

◆ 户门外走道净宽度应≥1.2m。	2.A《住建规》5.2.1 走廊和公共部位通道的净宽不应小于1.20m，……。
	2.B《高规》6.1.9 高层建筑内走道的净宽，应按通过人数每100人不小于1.00m计算；高层建筑首层疏散外门的总宽度，应按人数最多的一层每100人不小于1.00m计算。首层疏散外门和走道的净宽度不应小于表6.1.9的规定。 该表摘录如下：居住建筑首层每个外门的净宽应≥1.10m；单面布房时走道净宽应≥1.20m，双面布房时走道净宽应≥1.30m。
◆ 疏散楼梯净宽为最小值1.1m时，其楼梯间和前室门的净宽允许为0.9m。	2.C《高规》6.1.10 疏散楼梯间及其前室的门的净宽应按通过人数每100人不小于1.00m计算，但最小净宽不应小于0.90m。单面布置房间的住宅，其走道出垛处的最小净宽不应小于0.90m。
◆《建规》和《高规》对户内楼梯的最小净宽未作规定。	3.《住规》3.8.3 套内楼梯的梯段净宽，当一边临空时，不应小于0.75m；当两侧有墙时，不应小于0.90m。
◆《建规》与《高规》对室外疏散楼梯的规定相同，且更为详尽。	4.A《建规》7.4.5 室外楼梯符合下列规定时可作为疏散楼梯： （1）栏杆扶手的高度不应小于1.10m，楼梯的净宽度不应小于0.90m；

（2）倾斜角度不应大于45°；

（3）楼梯段和平台均应采取不燃烧材料制作。平台的耐火极限不应低于1.00h，楼梯段的耐火极限不应低于0.25h；

（4）通向室外楼梯的门宜采用乙级防火门，并应向室外开启；

（5）除疏散门外，楼梯周围2m内的墙面上不应设置门窗洞口。疏散门不应正对楼梯段。

4.B《高规》6.2.10 室外楼梯可作为辅助的防烟楼梯，其最小净宽不应小于0.90m。当倾斜角度不大于45°，栏杆扶手的高度不小于1.10m时，室外楼梯宽度可计入疏散楼梯总宽度内。

室外楼梯和每层出口处平台，应采用不燃材料制作。平台的耐火极限不应低于1.00h。在楼梯周围2.00m内的墙面上，除设疏散门外，不应开设其他门、窗、洞口。疏散门应采用乙级防火门，且不应正对梯段。

◆ 室外楼梯可作为辅助的防烟楼梯。

【讨论】

当住宅公用疏散楼梯梯段的两侧均为墙面时（如剪刀梯），其净宽不应按墙面间的水平距离1.1m计算。因沿梯段下行方向的右侧，均应安装有固定在墙面上的扶手，按《住规》4.1.2条的规定，最小净宽1.1m系指扶手中心至对面墙面的水平距离，则两墙面的水平距离应增至

1.2m，即楼梯间总宽应增加 0.2m。

【小结】

● 住宅公用疏散楼梯的净宽应 ≥ 1.1m，≤ 6 层的住宅一侧为栏杆的楼梯净宽宜 ≥ 1.0m。

户内楼梯一侧临空时净宽应 ≥ 0.75m，两侧为墙时净宽应 ≥ 0.9m。

● 户门外走廊的净宽应 ≥ 1.2m。高层住宅首层两侧为房间的走廊净宽应 ≥ 1.3m。

● 楼梯间和前室的门以及户门的净宽应 ≥ 0.9m。首层外门净宽应 ≥ 1.1m。

● 室外楼梯净宽应 ≥ 0.9m，梯段斜度 ≤ 45°。

5.8 首层安全出口的设置

◆ 住宅楼梯间在首层设直通室外的出口。

1.A《住建规》9.5.3（摘录） 在楼梯间的首层应设置直接对外的出口，或将对外出口设置在距楼梯间不超过 15m 处。

◆ 住宅的首层对外出口应距楼梯间 ≤ 15m。但《建规》要求应 ≤ 4 层；《高规》对此未见规定，仅在条文说明中"允许在短距离内

1.B《建规》5.3.13 民用建筑的安全疏散距离应符合下列规定（摘录）：

（3）楼梯间的首层应设置直通室外的安全出口或在首层采用扩大封闭楼梯间。当层数不超过四层时，可将直通室外的安全出口设置在离楼梯间小于等于 15m 处。

第 5 章 安全疏散

1.C《高规》6.2.6 除通向避难层错位的楼梯间外，疏散楼梯间在各层的位置不应改变，首层应有直通室外的出口。

2.A《建规》7.4.2 封闭楼梯间除应符合本规范第 7.4.1 条规定外，尚应符合下列规定（摘录）：

（2）楼梯间的首层可将走道和门厅等包括在楼梯间内，形成扩大封闭楼梯间，但应采用乙级防火门等措施与其他走道和房间隔开。

2.B《高规》6.2.2.3 楼梯间的首层紧接主要出口时，可将走道和门厅等包括在楼梯间内，形成扩大封闭楼梯间，但应采用乙级防火门等防火措施与其他走道和房间隔开。

2.C《建规》7.4.3 防烟楼梯间除应符合本规范第 7.4.1 条的规定外，尚应符合下列规定（摘录）：

（6）楼梯间的首层可将走道和门厅等包括在楼梯间的前室内，形成扩大的防烟前室，但应采

通过公用门厅，但不允许经其他房间再到达室外"。

◆ 对住宅建筑而言，每部楼梯（含剪刀梯）在首层均应有相应的室外出口，不能多部楼梯在首层共用1个室外出口。

◆ 首层扩大封闭楼梯间的规定《建规》与《高规》相同。

◆ 首层扩大防烟前室的规定仅见于《建规》，《高规》未见条文规定。
就住宅建筑而言，只有高层

住宅的首层才可能设置扩大防烟前室，因2~9层的住宅一般无需设置防烟楼梯间。	用乙级防火门等措施与其他走道和房间隔开。
◆ 高层住宅及多数2~9层住宅均属一、二级耐火等级的建筑，当楼梯间与门厅相连时，按此条规定实际已为扩大封闭楼梯间或扩大前室（见《建规图示》7.2.3图示3）。	**2.D**《建规》7.2.3 下列建筑或部位的隔墙应采用采火极限不低于2.00h的不燃烧体，隔墙上的门窗应为乙级防火门窗（摘录）： （4）一、二级耐火等级建筑的门厅。
◆ 独立地下室、半地下室楼梯间的防火分隔措施。	**3.A**《建规》7.4.4（摘录） 地下室、半地下室的楼梯间，在首层应采用耐火极限不低于2.00h的不燃烧体隔墙与其他部位隔开并应直通室外，当必须在隔墙上开门时，应采用乙级防火门。
◆ 与地上楼梯间共用的地下、半地下楼梯间的防火分隔措施。	地下室、半地下室与地上层不应共用楼梯间，当必须共用时，在首层应采用耐火极限不低于2.00h的不燃烧体隔墙和乙级防火门将地下、半地下部分与地上部分的连通部位完全隔开，并应有明显的标志。
	3.B《高规》6.2.8 与《建规》7.4.4 规定相同，

仅措词稍异,故从略。

4.A《住建规》9.5.1(摘录)
(5)安装有门禁系统的住宅,应保证住宅直通室外的门在任何时候能从内部徒手开启。

◆ 有门禁系统的外门应能从内徒手开启,以利紧急安全疏散。

4.B《建规》7.4.12 建筑中的疏散用门应符合下列规定(摘录):
(4)设有门禁系统的居住建筑外门,应保证火灾时不需使用钥匙等任何工具即能从内部易于打开,并应在显著位置设置标识和使用提示。

5.9 楼梯间通至屋顶

1.《建规》5.3.11(摘录) 居住建筑的楼梯间宜通至屋顶,通向平屋面的门或窗应向外开启。

2.A《高规》6.2.3(摘录) 单元式住宅每个单元的疏散楼梯均应通至屋顶。

2.B《高规》6.2.7 除本规范第 6.1.1 第 6.1.1.1 款的规定以及顶层为外通廊式住宅外的高层建筑,通向屋顶的疏散楼梯不宜少于两座,且不应穿越其他房间,通向屋顶的门应向屋顶方向开启。

◆ 通向屋顶的疏散楼梯不应穿越其他房间且门向外开。同时,电梯机房、水箱间等用房的门也不得开向楼梯间或前室。

◆《高规》6.1.1.1 为 10~18 层塔式住宅设置 1 座楼梯间的条件。

【小结】
● 楼梯间通至屋顶是为了提供疏散通道或临时避难。
● 2~9 层住宅的楼梯间宜通至屋顶。
● 高层住宅的楼梯间均应通至屋顶,但顶层为外通廊式的住宅,其通至屋顶的楼梯间可为 1 座。

5.10 地下、半地下室的安全疏散

1.《建规》5.3.12(摘录) 地下、半地下建筑(室)安全出口和房间疏散门的设置应符合下列规定(摘录):

(1)每个防火分区的安全出口数量应经计算确定,且不应少于 2 个。当平面上有 2 个或 2 个以上防火分区相邻布置时,每个防火分区可利用防火墙上 1 个通向相邻分区的防火门作为第二安全出口,但必须有 1 个直通室外的安全出口;

◆ 应注意"直通室外安全出口"的具体要求。

(2)使用人数不超过 30 人且建筑面积小于等于 $500m^2$ 的地下、半地下建筑(室),其直通室外的金属竖向梯可作为第二安全出口;

◆《高规》无此规定。

(3)房间建筑面积小于等于 $50m^2$,且经常停留人数不超过 15 人时,可设置 1 个疏散门;

◆ 见本章 5.8 节

(6)地下、半地下建筑的疏散楼梯间应符合

本规范第 **7.4.4** 条的规定。

2.《高规》6.1.12 高层建筑地下室、半地下室的安全疏散应符合下列规定（摘录）：

6.1.12.1 每个防火分区的安全出口不应少于两个。当有两个或两个以上防火分区，且相邻防火分区之间的防火墙上设有防火门时，每个防火分区可分别设一个直通室外的安全出口。

6.1.12.2 房间面积不超过 $50m^2$，且经常停留人数不超过 15 人的房间，可设一个门。

【小结】

关于地下、半地下室的安全疏散规定，《建规》与《高规》相同，且《建规》1.0.2 条第 4 款的规定适用于地下、半地下建筑（包括地上建筑附属的地下室、半地下室），而不论其地上建筑是高层还是多层或单层，所以均按《建规》执行即可。

3.A 和 3.B。

◆ 与《建规》5.3.12 规定相同。

第6章 楼梯间的设置

6.1 一般规定

1.《建规》7.4.1 疏散用的楼梯间应符合下列规定（摘录）：

（1）楼梯间应能天然采光和自然通风，并宜靠外墙设置；

（2）楼梯间内不应设置烧水间、可燃材料储藏室、垃圾道；

（3）楼梯间内不应有影响疏散的凸出物或其他障碍物；

（4）楼梯间内不应敷设甲、乙、丙类液体管道；

（6）居住建筑的楼梯间内不应敷设可燃气体管道和设置可燃气体计量表。当住宅建筑必须设置时，应采用金属套管和设置切断气源的装置等保护措施。

2.《住建规》9.5.1（摘录）：
（5）楼梯间及前室的门应向疏散方向开启；

3.《建规》7.4.11（摘录） 建筑中的封闭楼梯间、防烟楼梯间、消防电梯间前室及合用前室，不应设置卷帘门。

◆ 均为对楼梯间的共性防火设计要求。

◆ 宜有外窗。

◆ 保证净宽。

◆ 不得敷设易燃液体管道。

◆ 敷设可燃气体管道时应加保护措施。

◆ 门应向疏散方向开启。

◆ 楼梯间及前室不应设置卷帘门。

4. A《建规》7.4.7 疏散用楼梯和疏散通道上的阶梯不宜采用螺旋楼梯和扇形踏步。当必须采用时，踏步上下两级所形成的平面角度不应大于10°，且每级离扶手250mm处的踏步深度不应小于220mm。

◆ 关于螺旋楼梯和扇形踏步的规定。

4. B《高规》6.2.6（摘录） 疏散楼梯和走道上的阶梯不应采用螺旋楼梯和扇形踏步，但踏步上下两级所形成的平面角不超过10°，且每级离扶手0.25m处的踏步宽度超过0.22m时，可不受此限。

5.《通则》6.7.4（摘录） 每个梯段的踏步不应超过18级，亦不应少于3级。

◆ 梯段踏步级数应≤18且≥3。

6.《通则》6.7.10（摘录） 住宅楼梯踏步的（最小宽度）×（最大高度）：
公用楼梯为0.26×0.175（m）；户内楼梯为0.22×0.20（m）。

◆ 住宅楼梯踏步的尺寸规定。

7.《住建规》9.4.2 楼梯间窗口与套房窗口最近边缘之间的水平间距不应小于**1.0m**。

◆ 楼梯间窗与相邻户内窗的净距应≥1m。

8. A《住建规》9.5.4 住宅建筑楼梯间顶棚、墙面和地面均应采用不燃性材料。

◆《住建规》和《建装规》的规定相同。

8. B《建装规》3.1.6 无自然采光楼梯间、封闭楼梯间、防烟楼梯间及其前室的顶棚、墙面和地面均应采用 A 级装修材料。

6.2 封闭楼梯间

1. A《建规》7.4.2 封闭楼梯间除应符合本规范第 **7.4.1** 条的规定外,尚应符合下列规定(摘录):

(1)当不能天然采光和自然通风时,应按防烟楼梯间的要求设置;

(3)除楼梯间的门之外,楼梯间的内墙上不应开设其他门窗洞口;

(4)高层厂房(仓库)、人员密集的公共建筑、人员密集的多层丙类厂房设置封闭楼梯间时,通向楼梯间的门应采用乙级防火门,并应向疏散方向开启;

(5)其他建筑封闭楼梯间的门可采用双向弹簧门。

◆《建规》7.4.1 见 6.1 节。

◆ 未含居住建筑。

◆ 该条条文说明:"通向封闭楼梯间的门,正常情况下应采用防火门。只有在这样做有困难时,通向居住建筑封闭楼梯间的门才考虑选择双向弹簧门"。故首选仍是乙级防火门。

1. B《高规》6.2.2(摘录) 封闭楼梯间的设置应符合下列规定:

6.2.2.1 楼梯间应靠外墙,并应直接天然采光和自然通风,当不能直接天然采光和自然通风时,应按防烟楼梯间规定设置。

◆ 同《建规》7.4.1和7.4.2的规定。

6.2.2.2 楼梯间应设乙级防火门,并向疏散方向开启。

◆ 与《建规》7.4.2不同,必须用乙级防火门。

【小结】
● 与6.3节防烟楼梯间合并综述。

6.3 防烟楼梯间

1. A《建规》7.4.3 防烟楼梯间除应符合本规范第7.4.1条的有关规定外,尚应符合下列规定(摘录):

◆《建规》7.4.1见6.1节。

(1)当不能天然采光和自然通风时,楼梯间应按本规范第9章的规定设置防烟或排烟设施,应按本规范第11章的规定设置消防应急照明设施;

◆ 无外窗时,应设防排烟及应急照明设置。

(2)在楼梯间入口处应设置防烟前室、开敞式阳台或凹廊等。防烟前室可与消防电梯间前室合用;

◆ 应设前室或开敞阳台、凹廊。

(3)前室的使用面积:……,居住建筑不应小于$4.5m^2$;合用前室的使用面积:……,居住建筑不应小于$6.0m^2$;

◆ 住宅防烟前室的面积应≥$4.5m^2$(合用前室应≥$6.0m^2$)。

(4)疏散走道通向前室以及前室通向楼梯间的门应采用乙级防火门;

(5)除楼梯间门和前室门外,防烟楼梯间及

◆ 住宅防烟前室

允许开设管道井门。	其前室的内墙上不应开设其他门窗洞口（住宅的楼梯间前室除外）。
◆ 同《建规》7.4.3 的规定。	1.B《高规》6.2.1（摘录） 防烟楼梯间的设置应符合下列规定： 6.2.1.1 楼梯间入口处应设前室、阳台或凹廊。 6.2.1.2 前室的面积，……，居住建筑不应小于 $4.5m^2$。 6.2.1.3 前室和楼梯间的门均应为乙级防火门，并应向疏散方向开启。
◆ 与《建规》7.4.3 的规定不同，住宅的防烟前室内也不允许开管道井门。《高规》6.1.3 见后。	1.C《高规》6.2.5 楼梯间及防烟楼梯前室应符合下列规定： 6.2.5.1 楼梯间及防烟楼梯间前室的内墙上，除开设通向公共走道的疏散门和本规范第6.1.3条规定的户门外，不应开设其他门、窗、洞口。
◆ 同《建规》7.4.1 的规定，且含防烟前室在内。	6.2.5.2 楼梯间及防烟楼梯间前室不应敷设可燃气体管道和甲、乙、丙类液体管道，并不应有影响疏散的突出物。 6.2.5.3 居住建筑内的煤气管道不应穿过楼梯间，当必须局部水平穿过楼梯间时，应穿钢套管保护，并应符合现行国家标准《城镇燃气设计规范》的有关规定。

2.《高规》6.1.3　高层住宅建筑的户门不应直接开向前室，当确有困难时，部分开向前室的户门均应为乙级防火门。

◆ 实际形成位于楼层内的扩大前室。"部分户门"如何界定未明确。

3.《住建规》9.4.3　住宅建筑中竖井的设置应符合下列要求（摘录）：

（4）电缆井和管道井设置在防烟楼梯间前室、合用前室时，其井壁上的检查门应采用丙级防火门。

◆ 与《建规》7.4.3基本相同，但仅限于前室内。与《高规》6.2.5.1规定不同。

4. A《高规》6.1.2　塔式高层建筑，两座疏散楼梯宜独立设置，当确有困难时，可设置剪刀楼梯，并应符合下列规定：

6.1.2.1　剪刀楼梯应为防烟楼梯间。

6.1.2.2　剪刀楼梯的梯段之间，应设置耐火极限不低于1.00h的不燃烧体墙分隔。

6.1.2.3　剪刀楼梯应分别设置前室。塔式住宅确有困难时可设置一个前室，但两座楼梯应分别设加压送风系统。

◆ 本条规定仅限于塔式建筑，但在实际工程中，≥19层的单元式住宅也多有采用，即所谓的"连塔式"住宅。

4. B《高规》6.1.2 条文说明、《高规图示》6.1.2图示3：

有少数设计在剪刀楼梯梯段之间不加任何分隔，也不设防烟楼梯间；还有一种与消防电梯合用的前室，两个楼梯口均开在一个合用前室之内。这两种设计都不利于疏散，不能采用，更不

◆ "三合一"的剪刀梯前室，在高层住宅设计中能否采用，应征得当地消防审批部门的认可。

能推广。

【小结】

在住宅建筑中，对于封闭楼梯间和防烟楼梯间设置的规定，仅提示以下几点：

● 楼梯间和前室的门均应为乙级防火门，并向疏散方向开启。

● 楼梯间内不得开设管道井检查门。

● 防烟前室内《住建规》和《建规》允许开设管道井检查门（应为丙级防火门），但《高规》不允许。

● 部分户门可以直接开向前室，但应为乙级防火门。

● 在高层住宅中设置剪刀楼梯时，能否采用"三合一"前室，应以消防审批部门意见为准。

第7章 消防电梯、消防控制室和消防水泵房的设置

7.1 消防电梯

1. A《住建规》9.8.3 12层及12层以上的住宅应设置消防电梯。

1. B《高规》6.3.1 下列高层建筑应设消防电梯：

6.3.1.1 一类公共建筑。

6.3.1.2 塔式住宅。

6.3.1.3 十二层及十二层以上的单元式住宅和通廊式住宅。

6.3.1.4 高度超过32m的其他二类公共建筑。

◆ 但《高规》6.3.1.2规定：塔式住宅≥10层即应设消防电梯。

◆ 超过32m高的商住楼即应设消防电梯。

2.《高规》6.3.2（摘录）▼高层建筑消防电梯的数量应符合下列规定：

6.3.2.1 当每层建筑面积不大于1500m²时，应设1台。

6.3.2.2 当大于1500m²但不大于4500m²时，应设2台。

6.3.2.4 消防电梯可与客梯或工作电梯兼用，但应符合消防电梯的要求。

◆ 除通廊式外，高层住宅设1台消防电梯即可。

3. A《高规》6.3.3 消防电梯的设置应符合下列规定：

- 住宅消防电梯间前室应≥4.5m²，合用时应≥6.0m²（均为使用面积）。

- 通道不得穿越其他房间（见该条条文说明）。

- 条文说明：合用前室不得采用防火卷帘。《建规》均不允许采用防火卷帘（见后）

6.3.3.1 消防电梯宜分别设在不同的防火分区内。

6.3.3.2 消防电梯间应设前室，其面积：居住建筑不应小于4.50m²；公共建筑不应小于6.00m²。当与防烟楼梯间合用前室时，其面积：居住建筑不应小于6.00m²；公共建筑不应小于10.00m²。

6.3.3.3 消防电梯间前室宜靠外墙设置，在首层应设直通室外的出口或经过长度不超过30m的通道通向室外。

6.3.3.4 消防电梯间的门，应采用乙级防火门或具有停滞功能的防火卷帘。

6.3.3.5 消防电梯的载重量不应小于800kg。

6.3.3.6 消防电梯井、机房与相邻其他电梯井、机房之间，应采用耐火极限不低于2.00h的隔墙隔开，当隔墙上开门时，应设甲级防火门。

6.3.3.7 消防电梯的行驶速度，应按从首层到顶层的运行时间不超过60s计算确定。

6.3.3.8 消防电梯轿厢的内装修应采用不燃烧材料。

6.3.3.9 动力与控制电缆、电线应采取防水措施。

6.3.3.10 消防电梯轿厢内应设专用电话；并应在首层设供消防队员专用的操作按钮。

6.3.3.11 消防电梯间前室门口宜设挡水设施。消防电梯的井底应设排水设施，排水井容量不应小于 2.00m³，排水泵的排水量不应小于 10L/s。

3. B《建规》7.4.10（摘录） 消防电梯的设置应符合下列规定：
（1）消防电梯间应设置前室。前室的使用面积应符合本规范第 7.4.3 条的规定，前室的门应采用乙级防火门。
（2）~（8）从略与《高规》6.3.3 规定相同，仅措词不同。

3. C《建规》7.4.11 建筑中的封闭楼梯间、防烟楼梯间、消防电梯前室及合用前室，不应设卷帘门。

◆《高规》6.3.3.4 允许消防电梯前室的门采用带停滞功能的防火卷帘（但合用前室除外）。

【讨论】
消防电梯是否必须通至地下层未见规定。

【小结】
● 《住建规》和《高规》关于消防电梯规定的差别仅在于：《高规》规定塔式住宅 ≥ 10 层，其他住宅 ≥ 12 层时设置。
● 《建规》与《高规》关于消防电梯规定的差别仅在于：《高规》除允许其专用前室的门采

用乙级防火门外，尚允许采用有停滞功能的防火卷帘，而《建规》不允许。

7.2 消防控制室和消防水泵房

1.《建规》7.2.5（摘录） 附设在建筑物内的消防控制室、固定灭火系统的设备室、消防水泵房和通风空气调节机房等，应采用耐火极限不低于 2.00h 的隔墙和不低于 1.50h 的楼板与其他部位隔开。隔墙上的门除本规范另有规定者外，均应采用乙级防火门。

◆ 条文说明要求"隔墙上的门至少应为乙级防火门"。

2. A《建规》11.4.4 消防控制室的设置应符合下列规定（摘录）：

（2）附设在建筑物内的消防控制室，宜设置在建筑物的首层的靠外墙部位，亦可设在建筑物的地下一层，但应按本规范第 7.2.5 条的规定与其他部位隔开，并应设置直通室外的安全出口。

2. B《高规》4.1.4 消防控制室宜设在高层建筑的首层或地下一层，且应采用耐火极限不低于 2.00h 的隔墙和 1.50h 的楼板与其他部位隔开，并应设直通室外的安全出口。

◆ 消防控制室位于地下一层时，其疏散门应为甲级防火门且紧邻楼梯间即可；位于首层时，内门应为乙级防火门（见《高规》图示 4.1.4 图示 5）。

3. A《建规》**8.6.4**（摘录） 附设在建筑中的消防水泵房应按本规范第 **7.2.5** 条的规定与其他部位隔开。

消防水泵房设置在首层时，其疏散门宜直通室外；设置在地下层或楼层上时，其疏散门应靠近安全出口。消防水泵房的门应采用甲级防火门。

◆ 条文说明要求：位于地下层或楼层上的消防水泵房的疏散门应紧邻安全出口（楼梯间）。

3. B《高规》**7.5.1**（摘录） 在高层建筑内设置消防水泵房时，应采用耐火极限不低于 2.00h 的隔墙和 1.50h 的楼板与其他部位隔开，并应设甲级防火门。

3. C《高规》**7.5.2** 当消防水泵房设在首层时，其出口宜直通室外，当设在地下室或其他楼层时，其出口应直通安全出口。

◆ 参见《高规》图示 7.5.2 图示 3。

4. A《建装规》**3.1.5** 消防水泵房、排烟机房、固定灭火系统钢瓶间、配电室、变压器室、通风和空调机房等，其内部所有装修材料均应采用 A 级装修材料。

4. B《建装规》**2.0.4** 安装在钢龙骨上燃烧性能达到 B1 级的纸面石膏板、矿棉吸声板可作为 A 级装修材料使用。

【小结】

● 附设于建筑物内的消防控制室和消防水泵房,应采用耐火极限≥2.0h的隔墙和≥1.5h的楼板与其他部位隔开。

● 消防控制室和消防水泵房位于首层时,应设直通室外的出口,其内门至少应为乙级防火门。

● 消防控制室位于地下一层、消防水泵房位于地下一层或其他楼层时,应设甲级防火门,并靠近直通室外的楼梯间。

第8章 防火构造

8.1 防火墙

1.《建规》7.1.1 防火墙应直接设置在建筑物的基础或钢筋混凝土框架、梁等承重结构上，轻质防火墙体可不受此限。

防火墙应从楼地面基层至顶板底面基层。当屋顶承重结构和屋面板的耐火极限低于 **0.50h**，高层厂房(仓库)屋面板的耐火极限低于 **1.00h** 时，防火墙应高出不燃烧体屋面 **0.4m** 以上，高出燃烧体或难燃烧体屋面 **0.5m** 以上。其他情况时，防火墙可不高出屋面，但应砌至屋面结构层的底面。

◆ 防火墙的砌筑要求。

2.《建规》7.1.5（摘录）和《高规》5.2.3 防火墙上不应开设门窗洞口，当必须开设时，应设置固定的或火灾时能自动关闭的甲级防火门窗。

◆ 防火墙上的门窗应为甲级防火窗(《建规》7.1.5 为强制性条文)。

3.《建规》7.1.3（摘录） 当建筑物外墙为难燃烧体时,防火墙应凸出墙的外表面 **0.4m** 以上，且在防火墙两侧的外墙应为宽度不小于 **2m** 的不燃烧体，其耐火极限不应低于该外墙的耐火极限。

◆ 防火墙应凸出难燃烧体外墙。

4. A《建规》7.1.3（摘录） 当建筑物的外墙为不燃烧体时，防火墙可不凸出墙的外表面。

◆ 防火墙两侧外门窗的净距应

≥2m。为乙级防火窗时则不限（一侧设置即可）。

紧靠防火墙两侧的门、窗洞口之间最近边缘的水平距离不应小于 2m；但装有固定窗扇或火灾时可自动关闭的乙级防火窗时，该距离可不限。

◆《高规》与《建规》的规定基本相同。其中要求"固定"的乙级防火门似有误。

4. B《高规》5.2.2　紧靠防火墙两侧的门、窗、洞口之间的最近边缘的水平距离不应小于 2.00m；当水平间距小于 2.00m 时，应设置固定乙级防火门、窗。

◆ 内转角处防火墙两侧门窗的净距应≥4m。

5. A《建规》7.1.4　建筑物内的防火墙不宜设置在转角处。如设置在转角处附近，内转角两侧墙上的门、窗洞口之间最近边缘的水平距离不应小于 4m。

◆《高规》与《建规》的规定相同，且更详尽。一侧为乙级防火窗时，距离也可不限。

5. B《高规》5.2.1　防火墙不宜设在 U、L 形等高层建筑的内转角处。当设在转角处附近时，内转角两侧墙上的门、窗、洞口之间最近边缘的水平距离不应小于 4.00m；当相邻一侧装有固定乙级防火窗时，距离可不限。

◆ 管道穿防火墙的防火要求。

6. A《建规》7.1.5（摘录）　可燃气体和甲、乙、丙类液体的管道严禁穿过防火墙。其他管道不宜穿过防火墙，当必须穿过时，应采用防火封堵材料将墙与管道之间的空隙紧密填实；当管道为难燃及可燃材质时，应在防火墙两侧的管道上采取防火措施。
防火墙内不应设置排气道。

第8章 防火构造

6. B《高规》5.2.4 输送可燃气体和甲、乙、丙类液体的管道，严禁穿过防火墙。其他管道不宜穿过防火墙，当必须穿过时，应采用不燃材料将其周围的空隙填塞密实。

穿过防火墙处的管道保温材料，应采用不燃烧材料。

◆《高规》与《建规》的规定相同。

7.《建规》7.1.6 防火墙的构造应使防火墙任一侧的屋架、梁、楼板等受到火灾的影响而破坏时，不致使防火墙倒塌。

◆ 防火墙的稳定性。

【讨论】

在住宅平面凹槽内厨房、卫生间或居室处，因宽度限制和开启要求，防火墙两侧外墙窗的净距常小于2m，无法满足规范要求。为此，在不少工程中，将防火墙延伸出外墙外表面1m，或采用1m宽垂直外墙的钢筋混凝土竖板分隔（耐火极限≥3.0h）。但该做法未见规范允许，采用时应征得当地消防审批部门的认可。

【小结】

● 《住建规》中未见涉及防火墙构造的具体规定。

● 《建规》与《高规》的相关规定基本相同或不重复，应遵照执行。

8.2 隔墙和楼板

◆ 性能化要求。

1. A《住建规》9.1.2　住宅建筑中相邻套房之间应采取防火分隔措施。

◆ 分户墙的燃烧性能和耐火极限《住建规》与《高规》规定相同。

1. B《住建规》表 9.2.1 和《高规》表 3.0.2（摘录）　分户墙的燃烧性能和耐火极限：
耐火等级为一、二级者为 2.00h 的不燃体；
耐火等级为三级者为 1.50h 的不燃体；
耐火等级为四级者为 1.00h 的不燃体。

◆《建规》要求按《住建规》执行。

1. C《建规》表 5.1.1 注 5：住宅建筑构件的耐火性能和耐火极限按《住建规》的规定执行。

◆ 门厅隔墙。

2.《建规》7.2.3　下列建筑或部位的隔墙应采用耐火极限不低于 2.00h 的不燃烧体，隔墙上的门窗为乙级防火门窗（摘录）：
（4）一、二级耐火等级建筑的门厅。

◆ 设备机房的隔墙与楼板。

3. A《建规》7.2.5（摘录）　附设在建筑物内的消防控制室、固定灭火系统的设备室、消防水泵房和通风空气调节机房等，应采用耐火极限不低于 2.00h 的隔墙和不低于 1.50h 的楼板与其他部位隔开。隔墙上的门，除本规范另有规定者外，均应采用乙级防火门。

3. B《高规》5.2.7　设在高层建筑内的自动灭火系统设备房、通风、空调机房，应采用耐火极限不低于 **2.00h** 的隔墙，**1.50h** 的楼板和甲级防火门与其他部位隔开。

◆《高规》对设备机房隔墙与楼板的防火要求与《建规》相同，但隔墙上的门要求为甲级防火门。

4.《高规》5.2.8　地下室内存放可燃物平均重量超过 30kg/m² 的房间隔墙，其耐火极限不应低于 2.00h，房间的门应采用甲级防火门。

◆ 地下室存放可燃物房间的隔墙。

5. A《建规》7.2.4　建筑内的隔墙应从楼地面基层隔断至顶板底面基层。

　　住宅分户墙和单元之间的隔墙应砌至屋面板底部，屋面板的耐火极限不应低于 **0.50h**。

◆ 隔墙的砌筑要求。

5. B《高规》5.2.6　高层建筑内的隔墙应砌至梁板的底部，且不宜留有缝隙。

◆《高规》与《建规》的要求基本相同。

6. A《建规》7.3.5　防烟、排烟、采暖、通风和空气调节系统中的管道，在穿越隔墙、楼板及防火分区处的缝隙应采用防火封堵材料封堵。

◆ 管道穿隔墙和楼板处应封堵缝隙。

6. B《高规》5.2.5　管道穿过隔墙、楼板时，应采用不燃烧材料将其周围的缝隙填塞密实。

◆《高规》现《建规》的要求相同。

7.《建规》表 5.1.1 注 1、3、4 和 5.1.2~5.1.5 以及《高规》3.0.3~3.0.7。

均为隔墙或楼板在特定条件下，燃烧性能和耐火极限的调整值，详见本书2.2节，此处从略。

【小结】
● 对分户墙、门厅及设备机房等处隔墙和楼板的防火要求，《住建规》、《建规》和《高规》三者的规定基本相同。

● 《建规》规定设备机房隔墙上的门应为乙级防火门，而《高规》规定应为甲级防火门。

8.3 外墙和建筑幕墙

◆ 住宅窗槛墙及防火挑檐的规定。有内门的阳台可视为防火挑檐，其窗槛墙高度不限。

1. A《住建规》9.4.1 住宅建筑上下相邻套房开口部位间应设置高度不低于 **0.8m** 的窗槛墙或设置耐火极限不低于 **1.00h** 的不燃性实体挑檐，其出挑宽度不应小于 **0.5m**，长度不应小于开口宽度。

◆ 条文中未见窗槛墙高度的明确规定。

1. B《高规》5.1.1 条文说明三（摘录） 所谓垂直防火分区，就是将具有 1.5h 或 1.0h 耐火极限的楼板和窗间墙（两上、下窗之间的距离不小于 1.2m）将上下层隔开。

2.《住建规》9.4.2 楼梯间窗口与套房窗口最近边缘之间的水平间距不应小于 **1.0m**。

◆ 性能化要求。户间窗间墙的

3.《住建规》9.1.2 住宅建筑中相邻套房之间应采取防火分隔措施。

4. 防火墙两侧外墙门、窗的净距要求见《建规》7.1.3 和 7.1.4 或《高规》5.2.1 和 5.2.2。

◆ 见本章 8.1 节。

5. A《建规》7.2.7 建筑幕墙的防火设计应符合下列规定：

（1）窗槛墙、窗间墙的填充材料应采用不燃材料。当外墙面采用耐火极限不低于 **1.00h** 的不燃材料时，其墙内填充材料可采用难燃材料；

（2）无窗间墙和窗槛墙的幕墙，应在每层楼板外沿设置耐火极限不低于 **1.00h**、高度不低于 **0.8m** 的不燃烧实体裙墙；

（3）幕墙与每层楼板、隔墙处的缝隙应采用防火封堵材料封堵。

◆ 建筑幕墙的防火规定。

5. B《高规》3.0.8 建筑幕墙的设置应符合下列规定（摘录）：

3.0.8.2 无窗槛墙或窗槛墙高度小于 **0.8m** 的建筑幕墙，应在每层楼板外沿设置耐火极限不低于 **1.00h**、高度不低于 **0.8m** 的不燃烧体裙墙或防火玻璃裙墙。

3.0.8.1 和 3.0.8.3 同《建规》7.2.7 第(1)和(3)款的规定。

◆《高规》允许做防火玻璃裙墙。

宽度仅在《高规》6.1.1.2（本书 5.4 节）规定为 ≥ 1.2m，但为特例，非普遍性要求。

【小结】

● 住宅外墙窗间墙及窗槛墙的净距要求仅见于《住建规》,《建规》和《高规》均尚无具体规定。

● 建筑幕墙在住宅建筑中很少采用。《建规》和《高规》的相关规定基本相同。

8.4 电梯井和管道井

◆《住建规》对于电梯井的规定与《建规》和《高规》基本相同。

1. A《住建规》9.4.3 住宅建筑中竖井的设置应符合下列要求(摘录):

(1)电梯井应独立设置,井内严禁敷设燃气管道,并不应敷设与电梯无关的电缆、电线等。电梯井井壁上除开设电梯门洞和通气孔洞外,不应开设其他洞口。

◆《建规》与《高规》关于电梯井的规定完全相同(《建规》7.2.9 为强制性条文)。

1. B《建规》7.2.9(摘录)和《高规》5.3.2 电梯井应独立设置,井内严禁敷设可燃气体和甲、乙、丙类液体管道,并不应敷设与电梯无关的电缆、电线等。电梯井的井壁除开设电梯门洞和通气孔洞外,不应开设其他洞口。电梯门不应采用栅栏门。

◆《住建规》对于管道井的规定未提检查门。住宅建筑已取消垃圾道,故也未涉及。

2. A《住建规》9.4.3 住宅建筑中竖井的设置应符合下列要求(摘录):

(2)电梯井、管道井、排烟道、排气道等竖井应分别独立设置,其井壁应采用耐火极限不低于 **1.00h** 的不燃性构件。

2. B《建规》7.2.9（摘录）和《高规》5.3.2　电缆井、管道井、排烟道、排气道、垃圾道等竖向管道井、应分别独立设置；其井壁应为耐火极限不低于 **1.00h** 的不燃烧体；井壁上的检查门应采用丙级防火门。

◆《建规》与《高规》关于管道井的规定完全相同（《建规》7.2.9 为强制性条文）。

3. A《住建规》9.4.3　住宅建筑中竖井的设置应符合下列要求（摘录）：
（3）电缆井、管道井应在每层楼板处采用不低于楼板耐火极限的不燃性材料或防火封堵材料封堵。

◆《住建规》与《建规》均要求管道井在每层楼板处进行封堵。

3. B《建规》7.2.10（摘录）　建筑内的电缆井、管道井应在每层楼板处采用不低于楼板耐火极限的不燃烧体或防火封堵材料封堵。

◆ 与《住建规》相同。

3. C《高规》5.3.3（摘录）　建筑高度不超 **100m** 的高层建筑，其电缆井、管道井应每隔 **2~3** 层在楼板处用相当于楼板耐火极限的不燃烧体作防火分隔。

◆《高规》要求 ≤100m 高时建筑的管道井每隔 2~3 层在楼板处进行封堵，与《建规》和《住建规》不同。

4.《住建规》9.4.3、《建规》7.2.10 和《高规》5.3.3（均为摘录）　电缆井、管道井与房间、走道等相连通的孔洞，其空隙应采用防火封堵材料封堵。

◆《住建规》、《建规》和《高规》对井壁孔洞空隙封堵的规定完全相同。

【小结】

● 《住建规》、《建规》和《高规》三者对电梯井及管道井防火构造的规定基本相同。

● 主要不同在于：《住建规》和《建规》要求管道井在每层楼板处均应封堵，而《高规》允许 ≤ 100m 高的建筑每 2~3 层进行封堵。

8.5 屋顶、闷顶和变形缝

◆ 屋顶为金属承重结构的防火措施。《高规》3.0.2 的耐火极限值见本书 2.2 节。

1.《高规》5.5.1　屋顶采用金属承重结构时，其吊顶、望板、保温材料等均应采用不燃烧材料，屋顶承重构件应采用外包敷不燃烧材料或喷涂防火涂料等措施，并应符合本规范第 3.0.2 条的耐火极限，或设置自动喷水灭火系统。

◆ 闷顶的防火措施。

2.《建规》7.3.1　在三、四级耐火等级建筑的闷顶内采用锯末等可燃材料作绝热层时，其屋顶不应采用冷摊瓦。

闷顶内的非金属烟囱周围 0.5m、金属烟囱 0.7m 范围内，应采用不燃材料作绝热层。

◆ 老虎窗的设置。

3.《建规》7.3.2　建筑层数超过 2 层的三级耐火等级建筑，当设置有闷顶时，应在每个防火隔断范围内设置老虎窗，且老虎窗的间距不宜大于 50m。

4.《建规》7.3.3（摘录） 闷顶内有可燃物的建筑,应在每个防火隔断范围内设置不小于 0.7m×0.7m 的闷顶入口。闷顶的入口宜布置在走廊中部靠近楼梯间的部位。

◆ 闷顶入口设置。

5. A《建规》7.3.4 电线电缆、可燃气体和甲、乙、丙类液体的管道不宜穿过建筑内的变形缝;当必须穿过时,应在穿过处加设不燃材料制作的套管或采取其他防变形措施,并应采用防火封堵材料封堵。

◆ 管道穿变形缝时的防火措施。

5. B《高规》5.5.3 变形缝构造基层应采用不燃烧材料。
电缆、可燃气体管道和甲、乙、丙类液体管道,不应敷设在变形缝内。当其穿过变形缝时,应在穿过处加设不燃烧材料套管,并应采用不燃烧材料将套管空隙填塞密实。

◆《高规》的规定与《建规》基本相同。

【小结】
● 关于屋顶、闷顶的防火措施,《建规》与《高规》不重复,应分别遵照执行。
● 关于变形缝的防火措施,《建规》与《高规》的规定基本相同。

8.6 防火门、防火窗、防火卷帘和疏散门

1. A《建规》7.5.1 防火门按其耐火极限可

◆ 防火门的分级

同《高规》。	分为甲级、乙级和丙级防火门，其耐火极限分别不应低于 1.20h、0.90h 和 0.60h。
◆ 防火门和防火窗的分级相同。	1. B《高规》5.4.1　防火门、防火窗应划分为甲、乙、丙三级，其耐火极限：甲级为 1.20h；乙级为 0.90h；丙级为 0.60h。
◆ 防火门的设置规定。	**2. A《建规》7.5.2**　防火门的设置应符合下列规定（摘录）： （1）应具有自闭功能。双扇防火门应具有按顺序关闭的功能； （2）常开防火门应能在火灾时自行关闭，并应有信号的反馈功能；
◆《建规》第7.4.12条第4款见后。	（3）防火门内外两侧应能手动开启（本规范第 7.4.12 条第 4 款规定除外）。
◆《高规》关于防火门的规定与《建规》基本相同。	2. B《高规》5.4.2　防火门应为向疏散方向开启的平开门，并在关闭后应能从任何一侧手动开启。 　　用于疏散走道、楼梯间和前室的防火门应具有自动关闭的功能。双扇和多扇的防火门，还应具有按顺序关闭的功能。 　　常开的防火门，当发生火灾时，应具有关闭和信号反馈的功能。
◆ 变形缝处设置	**3. A《建规》7.5.2**　防火门的设置应符合下

列规定（摘录）:

（4）设置在变形缝附近时，防火门开启后，其门扇不应跨越变形缝，并应设置在楼层较多的一侧。

3. B《高规》5.4.3　设在变形缝处附近的防火门，应设在楼层数较多的一侧，且门开启不应跨越变形缝。

◆ 与《建规》规定相同，仅措词有异。

4. A《建规》7.5.3　防火分区间采用防火卷帘分隔时，应符合下列规定（摘录）:

（1）防火卷帘的耐火极限不应低于 **3.00h**。当防火卷帘的耐火极限符合现行国家标准《门和卷帘耐火试验方法》**GB7633** 有关背火面温升的判定条件时，可不设置自动喷水灭火系统保护；符合现行国家标准《门和卷帘耐火试验方法》**GB7633** 有关背火面辐射热的判定条件时，应设自动喷水灭火系统保护。自动喷水灭火系统的设计应符合现行国家标准《自动喷水灭火系统设计规范》**GB50084** 的有关规定，但其火灾延续时间不应小于 **3.00h**。

◆ 防火卷帘设置要求。

防火门的规定。

4. B《高规》5.4.4　在设置防火墙确有困难的场所，可采用防火卷帘作为防火分区分隔。当采用包括背火面温升作耐火极限判定条件的防火卷帘时，其耐火极限不低于3.00h；当采用不包

◆ 与《建规》的规定相同。
◆ 该条条文说明：为便于区别，……暂称包括背火面温

升作为耐火极限判定条件，且耐火极限不低于3.00h的防火卷帘为特级防火卷帘。

括背火面温升作耐火极限判定条件的防火卷帘时，其卷帘两侧应设独立的闭式自动喷水系统保护，系统喷水延续时间不应小于3.00h。

◆ 走道上防火卷帘的启闭功能。

5.《高规》5.4.5 设在疏散走道上的防火卷帘应在卷帘的两侧设置启闭装置，并应具有自动、手动和机械控制的功能。

6.《建规》7.5.3 防火分区间采用防火卷帘分隔时，应符合下列规定（摘录）：

◆ 防火卷帘周围空隙的封堵。

（2）防火卷帘应具有防烟性能，与楼板梁和墙、柱之间的空隙应采用防火封堵材料封堵。

◆ 疏散门的设置规定。

7.《建规》7.4.12 建筑中的疏散用门应符合下列规定（摘录）：

◆ 户门的开启方向不限。

（1）民用建筑和厂房的疏散用门应向疏散方向开启。人数不超过60人的房间且每樘门的平均疏散人数不超过30人时，其门的开启方向不限；

◆ 疏散门应为平开门。

（2）民用建筑和厂房的疏散用门应采用平开门，不应采用推拉门、卷帘门、吊门、转门。

【小结】

《建规》与《高规》关于防火门、窗、防火卷帘和疏散门的规定基本相同或不重复，<u>应遵照执行</u>。

第9章 住宅与其他功能用房之间的防火分隔措施

本章主要介绍在同一建筑物内，住宅部分与非住宅部分之间的防火分隔措施。由于涉及的防火规范较多，故对一些不太常用的条目以索引为主，不再摘录原文。但对非住宅用房的相关设计问题仍给予讨论或提示。

9.1 一般规定

1. A 《住建规》9.1.3（摘录） 当住宅与其他功能空间处于同一建筑内时，住宅部分与非住宅部分之间应采取防火分隔措施，且住宅部分的安全出口和疏散楼梯应独立设置。

◆ 性能化要求。

1. B《实施指南》9.1.3 条文说明（摘录）："其他功能空间"指商业营业性场所，以及机房、仓储用房等场所；不包括直接为住户服务的物业管理办公用房和棋牌室、健身等活动场所。

◆ 非住宅用房的界定。

2.《建规》5.4.6 住宅与其他功能空间处于同一建筑内时，应符合下列规定：
（1）住宅与非住宅部分之间应采用不开设门窗洞口的耐火极限不低于 1.50h 的不燃烧体楼板

◆ 住宅与非住宅部分间的防火分隔措施。

和不低于 **2.00h** 的不燃烧体隔墙与居住部分完全分隔，且居住部分的安全出口和疏散楼梯应独立设置；

（2）其他功能场所和居住部分的安全疏散、消防设施等防火设计，应分别按照本规范中住宅建筑和公共建筑的有关规定执行，其中居住部分的层数确定应包括其他功能部分的层数。

9.2 库房及自行车库

◆ 甲、乙物品库不得附设于住宅内。

1.《住建规》9.1.3（摘录） 经营、存放和使用火灾危险性为甲、乙类物品的商店、作场和储藏间，严禁附设在住宅建筑中。

◆ 储存物品的火灾危险性分类和举例。

2.《建规》3.1.3 储存物品的火灾危险性根据储存物品的性质和储存物品中可燃物数量等因素，分为甲、乙、丙、丁、戊类，并应符合表 3.1.3 的规定。

（表 3.1.3 从略见原书第 7 页。另：该条条文说明表 3 为储存物品的火灾危险性分类举例，可供参考）。

◆ 地下、半地下室内丙、丁、戊类物品库房的防火分区最大建筑面积。

3.《建规》3.3.2 仓库的耐火等级、层数和面积除本规范另有规定者外，应符合表 3.3.2 的规定（仅摘录地下或半地下室内丙、丁、戊类物品库房的防火分区最大建筑面积）。

表 3.3.2（摘录）

储存物品类别		防火分区建筑面积（m²）
丙	闪点≥60℃的可燃液体	150
	可燃固体	300
丁		500
戊		1000

注：设有自动灭火系统时，面积可增加一倍。

4.《建规》3.8.3 地下、半地下仓库或仓库的地下室、半地下室的安全出口不应少于 2 个；当建筑面积小于等于 $100m^2$ 时，可设置 1 个安全出口。

◆ 地下、半地下室库房的安全疏散。

地下、半地下仓库或仓库的地下室、半地下室当有多个防火分区相邻布置，并采用防火墙分隔时，每个防火分区可利用防火墙上通向相邻防火分区的甲级防火门作为第二安全出口，但每个防火分区必须至少有一个直通室外的安全出口。

5.《高规》5.2.8 地下室内存放可燃物平均重量超过 $30kg/m^2$ 的房间隔墙，其耐火极限不应低于 2.00h，房间的门应采用甲级防火门。

◆ 存放可燃物≥$30kg/m^2$ 地下库房的防火措施。

6. A 《人民防空工程设计防火规范》4.1.4 条文说明（摘录） 自行车库属于戊类物品库，摩托车库属于丁类物品库。

◆ 自行车库属戊类物品库。

6. B 《全国民用建筑工程设计技术措施（规

◆ 自行车库的设计。

划·建筑·景观)》5.3（摘录）：

5.3.4 当车位数量在300辆以上时，其出入口不应少于2个。

5.3.5 多层或地下自行车库推车坡道的坡度宜在20%以下，其宽度不小于0.3m。

◆ 中间人行台阶宽度宜≥1.1m（两股人流宽度）。

【小结】

● 住宅地下和半地下室内只能布置丙、丁、戊类物品库房（含自行车库）。

● 库房部分与住宅部分的防火分隔措施见9.1节。

9.3 地下汽车库

◆ 性能化要求。

1. A《住建规》9.4.4 当住宅建筑中的楼梯、电梯直通住宅楼层下部的汽车库时，楼梯、电梯在汽车库出入口部位应采取防火分隔措施。

◆ 住宅楼梯通至地下汽车库时的防火分隔措施。

1. B《实施指南》9.4.4 条文说明（摘录） 当住宅建筑中的楼梯间直通至地下汽车库时，其楼梯间的封闭门应采用乙级防火门等可靠防火分隔。

◆ 性能化要求。

2. A《建规》5.3.11（摘录） 当电梯直通住宅楼层下部的汽车库时，应设置电梯候梯厅并采用防火分隔措施。

2. B《建规》5.3.11 条文说明（摘录）：汽车库中与住宅部分相通的楼梯间和电梯均要求考虑阻止烟火蔓延的分隔措施，如封闭门斗、防烟前室等。

3.《汽车库、修车库、停车场设计防火规范》**6.0.3**（摘录）：汽车库、修车库的室内疏散楼梯应设置封闭楼梯间。……地下汽车库……其楼梯间、前室的门应采用乙级防火门。

4. A《汽车库、修车库、停车场设计防火规范》**5.1.6**（摘录）：设在其他建筑物内的汽车库与其他部分应采用耐火极限不低于 3.00h 的不燃烧体隔墙和 2.00h 的不燃烧体楼板分隔。

4. B《汽车库、修车库、停车场设计防火规范》5.1.9 和 5.1.10 为当变压器室、高压电容器室、多油开关室、锅炉房，以及自动灭火系统的设备室、消防水泵房等机电设备用房布置在汽车库内时，应采取的防火分隔措施（本书从略）。

◆ 住宅楼梯、电梯通至汽车库时的分隔措施，参见《建规图示》5.3.11 图示 6。

◆《建规》5.4.6 条（见 9.1 节）的规定为：分隔墙体与楼板的耐火极限为 2.00h 和 1.50h，低于本条的规定。

◆ 机电设备用房位于汽车库内时应采取防火隔离措施，且宜划分独自的防火分区。

【讨论】
当前，在多栋住宅楼围合的用地内，建造满铺的地下汽车库日益普遍。该作法不仅可以取得最大的停车面积，而且经由通至地下汽车库的住宅电梯和楼梯，即可直达住所。

但是，《汽车库、修车库、停车场设计防火规范》第 6.0.2 条只规定了汽车库"每个防火分区内，其人员安全出口不应少于 2 个"，而对安全出口未作具体的限定。然而《建规》5.3.12 和《高规》6.1.12 均规定：地下室、半地下室每个防火分区的安全出口不应少于两个。当有 ≥ 2 个防火分区时，可利用防火墙上通向相邻防火分区的甲级防火门，互为第二安全出口，但必须各自有 1 个直通到外的安全出口。由于该条规定并未限制防火分区的面积和使用功能，故地下停车库理应也可遵照执行。但在实际工程中，尚有如下疑问：

1. 可否利用通至地下车库的住宅楼梯间作为地下车库直通室外的安全出口？

2. 地下车库均设喷淋灭火系统，其每个防火分区的面积允许 ≤ 4000m^2，大大超过设喷淋灭火系统时，普通地下室防火分区面积的限值 ≤ 1000m^2。此时仍以相邻防火区间的连通口互为第二安全出口，能否保证安全疏散？

综上所述，在具体工程中如何设计，应以当地消防审批部门的意见为准。

【小结】

● 当住宅楼梯和电梯通至地下汽车库时，对连通处的防火分隔措施，《住建规》和《建规》

均系性能性条文,具体作法不甚明确;《高规》则未涉及。

● 当住宅楼梯间通至地下汽车库时,该楼梯能否作为汽车库的人员安全出口,尚未见任何规范规定。

9.4 裙房商店、地下商店和商业服务网点

1. 裙房商店

(1)《商店建筑设计规范》4.1.4 综合性建筑的商店部分应采用耐火极限不低于 3.0h 的隔墙和耐火极限不低于 1.5h 的非燃烧体楼板与其他建筑部分隔开;商店部分的安全出口必须与其他建筑部分隔开。

◆ 商店与其他功能部分的防火分隔措施。《建规》5.4.6 条(见 9.1 节)规定分隔墙的耐火极限为 2.0h,低于本条规定,但楼板的限值相同。

(2)《高规》5.1.2(摘录) 高层建筑内的商业营业厅、展览厅等,当有火灾自动报警系统和自动灭火系统,且采用不燃烧或难燃烧材料装修时,地上部分防火分区的允许最大建筑面积为 4000m^2。

◆ 高层建筑(如高层住宅)底部商店的防火分区面积(参见《高规图示》5.1.2 图示 3)。

(3)《高规》5.1.3 当高层建筑与其裙房之间设有防火墙等防火分隔设施时,其裙房的防火分区允许最大建筑面积不应大于 2500m^2,当设

◆ 高层建筑(如高层住宅)裙房商店的防火分区面积(参

见《高规图示》5.1.3 图示 1）。

有自动喷水灭火系统时防火分区允许最大建筑面积可增加 1.00 倍。

【讨论】

《高规图示》2.0.1 图示 1 和 5.1.3 图示 1 中，均要求在裙房与高层建筑（高层住宅）主体的投影线处设置防火墙或其他防火分隔措施（防火卷帘、水幕等），若移位则应按当地消防部门的意见执行。另外，《建规》5.1.7 条文说明亦称："每层防火分区的分隔体严格地说需要在同一轴线位置贯通上下各层"。

但在实际工程中，要求各层防火分区的分隔体上下层对齐贯通，当因各层功能不同致使空间分隔也不同时，往往很难完全做到。

2. 地下商店

◆ 商店与其他功能部分的防火分隔措施。

（1）《商店建筑设计规范》4.1.4 见 1. 裙房商店（1）。

◆ 地下商店的防火设计规定。

（2）《建规》5.1.13 地下商店应符合下列规定：

① 营业厅不应设置在地下三层及三层以下；

② 不应经营和储存火灾危险性为甲、乙类储存物品属性的商品；

③ 当设有火灾自动报警系统和自动灭火系统，且建筑内部装修符合现行国家标准《建筑内部装修设计防火规范》GB50222 的有关规定时，其营业厅每个防火分区的最大允许建筑面积可增

加到 2000m²；

④ 应设置防烟与排烟设施；

⑤ 地下商店总建筑面积大于 20000m² 时，应采用不开设门窗洞口的防火墙分隔。相邻区域确需局部连通时，应选择采取下列措施进行防火分隔：如下沉广场、防火隔间、避难走道、防烟楼梯等（从略，详见《建规》第 45 页）。

（3）《高规》4.1.5B 和 5.1.2 地下商店应符合下列规定（摘录）：

4.1.5B.6 疏散走道和其他主要疏散路线的地面或靠近地面的墙面上应设置发光疏散标志。

4.1.5B.1～4.1.5B.5 和 5.1.2 的规定同《建规》5.1.13 ①～⑤，故从略。

3. 商店的疏散宽度

（1）《建规》5.3.17　学校、商店、办公楼……等民用建筑中的疏散走道、安全出口、疏散楼梯及房间疏散门的各自总宽度，应按下列规定经计算确定（从略，详见《建规》第 53 页）。

◆ 营业厅疏散总宽度的计算。

（2）《商店建筑设计规范》3.1.6　营业部分的公用楼梯、坡道应符合下列规定（摘录）：

① 室内楼梯的每梯段净宽不应小于 1.40m，踏步高度不应大于 0.16m，踏步宽度不应小于 0.28m。

◆ 疏散楼梯净宽应 ≥ 1.4m。

◆ 营业厅疏散门净宽应≥1.4m。

（3）《商店建筑设计规范》4.2.2　商店营业厅的出入门、安全门净宽度不应小于1.40m，并不应设置门槛。

4. 商店的疏散距离

◆ 《商店建筑设计规范》规定营业厅内最远疏散距离宜≤20m。

（1）《商店建筑设计规范》4.2.1　商店营业厅的每一防火分区安全出口数目不应少于两个；营业厅内任何一点至最近安全出口直线距离不宜超过20m。

◆ 《建规》规定营业厅内最远疏散距离宜≤30m（有喷淋时为37.5m）。

（2）《建规》表5.3.13摘录：

注1：一、二级耐火等级的建筑物内的观众厅、展览厅、多功能厅、餐厅、营业厅和阅览室等，其室内任何一点至最近安全出口的直线距离不宜大于30m。

注3：建筑物内全部设置自动喷水灭火系统时，其安全疏散距离可按本表规定增加25%；

◆ 高层建筑的耐火等级均为一、二级，故《高规》的规定与《建规》基本相同。但《高规》没有"设置自动灭火系统时，安全疏散距离可以增加25%"的规定。

（3）《高规》6.1.7　高层建筑内的观众厅、展览厅、多功能厅、餐厅、营业厅和阅览室等，其室内任何一点至最近的疏散出口的直线距离，不宜超过30m；其他房间内最远一点至房门的直线距离不宜超过15m。

【讨论】

《商店建筑设计规范》编制于 1988 年，已不能适应当前商店的经营需求和消防技术的进步，故建议裙房商店应执行《建规》和《高规》的规定，营业厅内最远疏散距离宜 ≤ 30m（《建规》尚规定：有喷淋时 ≤ 37.5m）。

5. 商业服务网点

（1）《高规》2.0.17 和《建规》2.0.14 住宅底部（地上）设置的百货店、副食店、粮店、邮电所、储蓄所、理发店等小型商业服务用房。该用房层数不超过二层、建筑面积不超过 $300m^2$，采用耐火极限大于 1.50h 的楼板和耐火极限大于 2.00h 且不开门窗洞口的隔墙与住宅和其他用房完全分隔，该用房和住宅的疏散楼梯和安全出口应分别独立设置。

◆ 对商业服务网点的定义和防火规定，《建规》与《高规》相同，仅措辞有异。其中《高规》限于住宅，《建规》居住建筑均可。

（2）《高规图示》2.0.17 图示 1 和《建规图示》2.0.14 图示 从图示可以看出：当商业服务网点为二层时，其室内楼梯可为一部敞开楼梯，且梯宽也未特别限定。

应注意的是：该楼梯应尽量靠近首层出口布置，以保证二层最远点的疏散距离不超过限值。

◆ 二层商业服务网点室内楼梯的设计。

【讨论】

● 商业服务网点的防火规定有五：位于住宅的首层和二层；限于小型商业服务用房；每个店铺的建筑面积 ≤ 300m^2；以防火隔墙与住宅和其他用房分隔；其疏散楼梯和安全出口应与住宅分别独立设置。

● 有时常沿街建造独立于住宅楼之外的小型商业服务用房，或者因为面积需要，将位于住宅楼下面的商业服务网点向楼外延伸。二者理应适用于上述规定，因其与住宅楼在火灾时相互殃及的可能性更小，但规范条文或条文说明中均未述及。

● 《建规》《高规》和《商业建筑设计规范》中，关于商店营业厅内最远疏散距离，以及疏散楼梯最小宽度的规定，是否适用于商业服务网点的营业厅也未见具体规定。

9.5 锅炉房、变压器室、柴油发电机房和液化石油气间

本节主要摘录当设备机房位于住宅建筑内时，应采取的防火设计措施。

1. 锅炉房、变压器室

（1）《高规》4.1.2 燃油或燃气锅炉、油浸电力变压器、充有可燃油的高压电容器和多油开关等宜设置在高层建筑外的专用房间内。

◆ 干式或不燃液体的变压器不在本条限制之列（见条文说明）。

当上述设备受条件限制需与高层建筑贴邻布置时，应设置在耐火等级不低于二级的建筑内，并应采用防火墙与高层建筑隔开，且不应贴邻人员密集场所。

当上述设备受条件限制需布置在高层建筑中时，不应布置在人员密集场所的上一层、下一层或贴邻，并应符合下列规定（摘录）：

4.1.2.1 燃油和燃气锅炉房、变压器室应布置在建筑物的首层或地下一层靠外墙部位，但常（负）压燃油或燃气锅炉可设置在地下二层；当常（负）压燃气锅炉房距安全出口的距离大于6.00m时，可设置在屋顶上。

采用相对密度（与空气密度比值）大于等于0.75的可燃气体作燃料的锅炉，不得设置在建筑物的地下室或半地下室；

4.1.2.2 锅炉房、变压器室的门均应直通室外或直通安全出口；外墙上的门、窗等开口部位上方应设置宽度不小于1.0m的不燃烧体防火挑檐或高度不小于1.20m的窗槛墙；

4.1.2.3 锅炉房、变压器室与其他部位之间应采用耐火极限不低于2.00h的不燃烧体隔墙和1.50h的楼板隔开。在隔墙和楼板上不应开设洞口；当必须在隔墙上开门窗时，应设置耐火极限不低于1.20h的防火门窗。

◆ 应首选在主体建筑外单建。

◆ 其次考虑与主体建筑贴建，以防火墙隔开。

◆ 必须布置在主体建筑内时的防火规定。

◆ 层位要求。

◆ 安全出口。

◆ 分隔措施。

4.1.2.4 ~ 4.1.2.9 为锅炉房和变压器室内隔墙的防火措施、自动灭火系统、防爆泄压设施等相关规定，详见《高规》第 8 页，此处从略。

（2）《建规》5.4.1 和 5.4.2 的规定与《高规》4.1.2 相同，仅措词有异，故从略。

（3）《民用建筑设计通则》8.3.1 和 8.3.2 亦有变配电所设于民用建筑内时的相关要求，应对照执行（原文本书从略）。

2. 柴油发电机房

（1）《高规》**4.1.3** 柴油发电机房布置在高层建筑和裙房内时，应符合下列规定：

◆ 层位要求。

4.1.3.1 可布置在建筑物的首层或地下一、二层，不应布置在地下三层及以下。柴油的闪点不应小于 **55℃**；

◆ 分隔措施。

4.1.3.2 应采用耐火极限不低于 **2.00h** 的隔墙和 **1.50h** 的楼板与其他部位隔开，门应采用甲级防火门；

◆ 储油间的设置。

4.1.3.3 机房内应设置储油间，其总储存量不应超过 **8.00h** 的需要量，且储油间应采用防火墙与发电机间隔开；当必须在防火墙上开门时，应设置能自动关闭的甲级防火门；

◆ 自动报警和灭火系统。

4.1.3.4 应设置火灾自动报警系统和除卤代烷 **1211**、**1301** 以外的自动灭火系统。

（2）《建规》5.4.3 的规定与《高规》4.1.3 相同，仅措词有异，故从略。

（3）《民用建筑设计通则》8.3.3 亦有柴油发电机房设于民用建筑内时的相关要求，应对照执行（原文本书从略）。

3. 液化石油气间

《高规》4.1.11　当高层建筑采用瓶装液化石油气作燃料时，应设集中瓶装液化石油气间，并应符合下列规定（摘录）：

4.1.11.1　液化石油气总储存量不超过 $1.00m^3$ 的瓶装液化石油气间，可与裙房贴邻建造。

4.1.11.2　总储存量超过 $1.00m^3$、而不超过 $3.00m^3$ 的瓶装液化石油气间，应独立建造，且与高层建筑和裙房的防火间距不应小于 10m。

4.1.11.3 ~ 4.1.11.6　系有关管道、报警、电气设计的规定，此处从略，详见《高规》第 11 页。

◆ 存量 ≤ $1m^3$ 者可与裙房贴建。

◆ $1m^3$ < 存量 ≤ $3m^3$ 者应在主建筑外单建。